青少年人工智能编程

Python版

刘 瑜 薛桂香 顾明臣 刘 勇 等著

華中科技大學出版社
http://press.hust.edu.cn
中国·武汉

内 容 简 介

本书在内容设计上具有明显的创新行为，主要为了更好地满足12岁到20岁青少年朋友的学习需求，由浅入深，快乐学习Python语言。从基础知识角度，考虑读者中学数学、英语等背景知识的要求，使所编程的内容既有助于加深对中学知识的理解，又有助于更好地领会代码的作用，能达到一举多得的学习效果；从趣味角度，还引入了可爱的三酷猫，融入各种故事与读者一起体会编程的作用；从知识层次角度，本书从基本的Python语法、函数、数组，到制作二维图、动画、游戏，再到传统算法、图像算法、国内外竞赛知识，既能逐步提高读者通过编程解决问题的能力，又能让读者触碰智能编程在竞赛、科学研究、实际应用等方面的诱人前景；从教学角度，每章安排了练习和实验，并提供教学PPT等资料，方便教师的教学使用要求。另外，本书对大数据、人工智能的基础知识做了启蒙式的潜移默化式的安排，如对数学、数据、算法的画龙点睛式安排。

本书适合作为中学信息科技学科的教材，也适合作为各类信息化竞赛的入门教材，同时适合部分学有余力的五六年级小朋友学习，还适合大学非计算机类学生自学。

图书在版编目（CIP）数据

青少年人工智能编程 ： Python版 / 刘瑜等著. -- 武汉 ： 华中科技大学出版社，2023.1

ISBN 978-7-5680-8892-3

Ⅰ. ①青… Ⅱ. ①刘… Ⅲ. ①软件工具－程序设计－青少年读物 Ⅳ. ①TP311.561-49

中国版本图书馆CIP数据核字(2022)第248803号

青少年人工智能编程（Python版）　　刘瑜　薛桂香　顾明臣　刘勇　等著

Qingshaonian Rengong Zhineng Biancheng(Python Ban)

策划编辑：张　玲

责任编辑：朱建丽

责任校对：李　昊

封面设计：杨小勤

责任监印：周治超

出版发行：华中科技大学出版社(中国·武汉)　　电话：(027)81321913

武汉市东湖新技术开发区华工科技园　　邮编：430223

录　　排：武汉金睿泰广告有限公司

印　　刷：湖北恒泰印务有限公司

开　　本：787mm × 1092mm　1/16

印　　张：20.25

字　　数：356千字

版　　次：2023年1月第1版第1次印刷

定　　价：89.00元

编写委员会

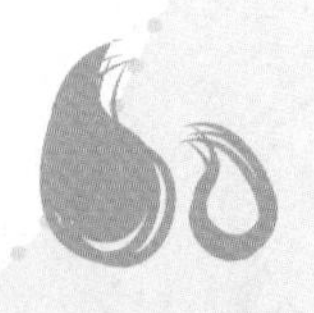

编写委员会

前　言

刘瑜老师的Python系列畅销书在网上平台销售，一直受到广大读者的追捧。这里尤其令人感动的是不少中学生甚至小学生都在使用这些书籍，参与书群的讨论，并给予好评。但是，这些书的编写初衷都是为本科生、研究生、IT工程师而设计的，对青少年朋友的学习，显然其针对性不够，也不够友好。出于上述原因，刘瑜老师一直在策划专门面向青少年朋友的Python编程书籍。在这期间，也借着编写相关Python书籍的契机，结交了专门从事中小学竞赛培训、中小学信息科技教育的老师们，以及大学信息化竞赛培训的老师们。他们有的已经在为当地教育系统编写了中小学教材，有的正在思考出版更加有趣、有针对性、普及性的Python教材；有的已经培养出了很多编程爱好者，并有部分学生获得了奖项。他们的想法与刘瑜老师的想法不谋而合，市场上缺少一本高水平的面向中小学的编程教材。他们对本书一起做了如下规划。

1. 内容定位

经过20多位老师们集思广益，本书的内容定位如下。

1）突出编程的趣味性

兴趣是最好的老师，学习内容在贯彻智能编程知识的同时，能兼顾一定的趣味性，能引起读者的持续好奇，能吸引读者挑战智能编程实际应用，这本身是一件愉快的事情。本书在内容安排上，突出让青少年朋友亲自动手解决图像处理等实际问题，让青少年朋友体验科学家所做的事情。

2）通俗易懂，容易操作

考虑到本书面对的是从12岁到20岁的大跨度的读者年龄范围，所以在内容安排上，尽量由简入难，让初步接触编程的读者，包括小学高年级的读者都能接受。另外，考虑读者群的主要学习目的不是将其应用于工作，而是锻炼逻辑思维、参加竞赛、培养编程兴趣、探索人工智能知识，所以本书去掉了一些工程方面的技术内容，如Web、数据库、面向对象等。

3）深度考虑读者的知识背景

这本书编写之初，就考虑到了主要读者的背景知识，如小学、初中、高中读者所具有的数学、英语等知识基础，使各层次的读者能较好掌握相关知识点。全书高中相关数学知识，涉及面不到5%；主体以小学、初中数学知识为主。英语主要涉及专业术语的英语表述，便于培养读者逐步积累专用术语英语知识的习惯，有利于读者长远发展。要知道“高手”编写的代码都使用的是英语语法逻辑，“高手”也来自全球各地，他们提供的资料主要都是基于英语的。

4）兼顾各类竞赛入门要求

本书设计内容的一个主线条，就是提供竞赛必要的基础编程知识，

如基本的语法、函数、算法。

2. 内容安排

根据读者的知识接受规律和对其培养目的，本书的内容分为三篇：第一篇从零开始；第二篇快乐挑战；第三篇高级挑战。

第一篇，着重解决以 Python 语言为主的编程基础问题，相关内容涉及编程入门，利用代码进行基本的四则运算等计算，掌握对数据存储结构的使用，掌握逻辑判断和循环处理，编写和使用函数，利用多维数组处理数据，通过数学思维绘制美妙的线条。

第二篇，着重利用动画技术、游戏技术，自行制作会动的、具有挑战意义的小作品，它们的背后都是数学、数据和编程技巧。

第三篇，着重考虑竞赛要求，以传统算法、图像算法为基础，了解竞赛题目的难易程度，了解人工智能技术的基础要求，并介绍了国内外具有典型代表意义的信息化竞赛，让读者轻松了解竞赛基本要求。

3. 配套学习帮助

(1) 本书主要章节提供了练习和实验，有利于读者对知识加以巩固和运用，并提供配套的电子版的答案；

(2) 由薛桂香老师提供免费教学短视频，方便读者更加容易地学习；

(3) 提供 QQ 群（QQ 群号：680958585），以便读者与作者沟通交流。

4. 读者学习导入提示

对于自学的读者，先需要根据附录 A 安装 Anaconda 软件包，然后根据附录 B 学会 Spyder 代码编辑工具的基本操作。没有深入接触过计算机的读者，则需要先学会操作系统的基本使用方法，学会基本的中英文输入操作。

本书在策划编写过程中，得到了全国范围不少小学、中学、大学老师的关注和支持，在此一并感谢！

由于受时间等的约束，书中避免不了存在一些瑕疵，请读者多提宝贵意见，作者尤为感谢！所提问题，可以在QQ群里反馈。

作者

2022年冬，于天津

目　录

第一篇　从零开始　1

第一章　编程准备工作　3

1.1　从计算机到人工智能　3

1.2　编程工具准备　5

1.3　[案例]三酷猫的第一个程序　6

1.4　编程中的红绿灯规则　8

1.5　良好的编程习惯　10

1.6　练习和实验　13

第二章　智能计算基础　15

2.1　用变量记录数据　15

2.2　简易运算（一）　18

2.2.1　基本四则运算　18

2.2.2　四则混合运算　19

2.2.3 求余、取整 20

2.2.4 赋值运算 20

2.3 简易运算（二） 22

2.3.1 求幂、次方根 22

2.3.2 取近似值 24

2.3.3 随机数 26

2.3.4 求两点间的距离 27

2.3.5 三角函数 28

2.4 逻辑比较 28

2.5 字符串操作 29

2.5.1 基本字符串操作 29

2.5.2 其他相关操作 32

2.6 [案例]三酷猫卖水果 33

2.7 练习和实验 34

第三章 把鸡蛋装在一起 36

3.1 列表 36

3.1.1 列表表示 36

3.1.2 列表元素操作 37

3.1.3 列表嵌套 41

3.2 元组 42

3.2.1 元组表示 42

3.2.2 元组操作 42

3.3 字典 44

3.3.1 字典表示 44

3.3.2 字典操作 45

3.4 集合 48

3.4.1 集合表示 48

3.4.2 集合元素操作 49

3.4.3 集合运算 50

3.5 [案例]三酷猫水果产地统计 54

3.6 练习和实验 56

第四章 智能逻辑判断与循环 58

4.1 智能逻辑判断 58

4.1.1 单分支判断 58

4.1.2 二分支判断 60

4.1.3 多分支判断 60

4.1.4 嵌套逻辑判断 61

4.1.5 [案例]三酷猫在水果批发市场查看车厘子 62

4.2 循环while 63

4.2.1 while语句的使用 63

4.2.2 [案例]三酷猫打印九九乘法表 65

4.3 循环for 66

4.3.1 for使用 67

4.3.2 [案例]三酷猫统计水果数量 70
4.4 循环需要控制 70
4.4.1 跳出循环 71
4.4.2 从头循环 71
4.5 [案例]三酷猫销售排序：冒泡排序 72
4.6 练习和实验 75

第五章 函数魔盒 77
5.1 自带函数 77
5.1.1 自带内置函数 77
5.1.2 自带函数——库函数 80
5.2 自定义函数 83
5.2.1 基本自定义函数 83
5.2.2 [案例]三酷猫自定义求因数函数 86
5.2.3 函数参数的深入应用 87
5.2.4 把函数放到模块里 89
5.2.5 匿名函数 92
5.2.6 递归函数 92
5.3 第三方库函数 94
5.3.1 numpy库 94
5.3.2 scipy库 96
5.3.3 pandas库 98
5.3.4 scikit-learn库 99
5.3.5 matplotlib库 100

5.4 对象里的方法 102
5.5 [案例]三酷猫水果店年底抽奖活动 103
5.6 练习和实验 104

第六章 装下世界的数组 106
6.1 数组基本操作 106
6.1.1 一维数组 106
6.1.2 二维数组 109
6.1.3 三维数组 112
6.1.4 函数自动赋值 114
6.1.5 [案例]三酷猫照片背后的数组 117
6.2 数组数学基本运算 121
6.2.1 四则运算 122
6.2.2 取余、求幂、取整、复数运算 125
6.2.3 数组比较运算 127
6.2.4 [案例]三酷猫把彩照变成黑白照 128
6.3 数组函数和方法 130
6.3.1 数组常用函数 130
6.3.2 numpy库的随机函数 132
6.3.3 数组常用方法 136
6.3.4 [案例]把三酷猫照片旋转90° 140
6.4 数据统计 141
6.4.1 条形图 141

6.4.2 饼状图 144

6.4.3 散点图 145

6.5 [案例]三酷猫对照片进行再加工 148

6.6 练习和实验 152

第七章 美妙的线条 154

7.1 直线 154

7.1.1 绘制直线 154

7.1.2 斜线 158

7.1.3 相交线 159

7.2 曲线 160

7.2.1 正弦曲线 160

7.2.2 余弦曲线 163

7.2.3 一元二次曲线 164

7.2.4 一元三次曲线 166

7.2.5 正态分布曲线 167

7.3 折线 170

7.3.1 方波 170

7.3.2 三角线 171

7.4 闭合线 172

7.4.1 圆 173

7.4.2 椭圆 174

7.4.3 矩形 176

7.4.4 多边形 178

7.5 [案例]三酷猫绘制水果店 179

7.6 练习和实验 181

第二篇 快乐挑战 185

第八章 动画世界 187

8.1 动画原理及动画绘制函数 187

8.2 [案例]让圆点爬山坡 188

8.3 [案例]下彩色雨了 190

8.4 [案例]让绳子拱起来 193

8.5 [案例]跳跃的心电图 195

8.6 [案例]波涛汹涌 197

8.7 练习和实验 199

第九章 快乐小游戏 201

9.1 乌龟图库 201

9.1.1 绘图基本要素 202

9.1.2 笔线运动控制函数 204

9.1.3 画笔属性控制函数 210

9.1.4 其他辅助函数 213

9.1.5 [案例]绘制喇叭花 215

9.2 [案例]数字华容道 216

9.2.1 游戏设计 216

9.2.2 游戏代码实现 217

9.3 [案例]炮弹射击气球 220

9.3.1 游戏设计 220

9.3.2 游戏代码实现 221

9.4 [案例]旋转的飞镖 224

9.4.1 游戏设计 224

9.4.2 游戏代码实现 225

9.5 练习和实验 228

第三篇 高级挑战 231

第十章 传统算法挑战 233

10.1 队列和栈 233

10.1.1 队列 233

10.1.2 栈 235

10.2 查找 236

10.2.1 线性查找 236

10.2.2 二分查找 237

10.2.3 哈希查找 239

10.2.4 穷举查找 241

10.3 排序 243

10.3.1 选择排序 244

10.3.2 插入排序 245

10.3.3 希尔排序 246

10.3.4 快速排序 248

10.4 贪心算法 251

10.4.1 分数背包问题 252

10.4.2 货币选择问题 253

10.5 动态规划 255

10.5.1 斐波那契数列 256

10.5.2 0-1背包问题 256

10.5.3 买卖股票问题 260

10.5.4 求最短路径问题 261

10.6 练习和实验 265

第十一章 图像算法 267

11.1 空间距离和面积 267

11.1.1 空间距离 267

11.1.2 空间面积 269

11.2 归一化 270

11.2.1 最大最小归一化 271

11.2.2 Z-Score归一化 272

11.2.3 Sigmoid函数归一化 273

11.2.4 [案例]对图像做归一化处理 274

11.3 [案例]调整图像亮度 276

11.4 [案例]随机打马赛克 278

11.5 [案例]灰度处理 280

11.6 练习和实验 282

第十二章 国内外青少年竞赛知识 284

12.1 蓝桥杯 284

12.1.1 竞赛介绍 284

12.1.2 竞赛内容简介 286

12.2 全国青少年信息学奥林匹克竞赛 287

12.2.1 竞赛介绍 287

12.2.2 竞赛内容简介 288

12.3 国际大学生程序设计竞赛 290

12.4 Kaggle竞赛 291

12.4.1 参赛平台介绍 291

12.4.2 竞赛过程介绍 294

附录A 编程环境安装 296

附录B Spyder基本使用技巧 299

附录C 赠送资料 301

后记 305

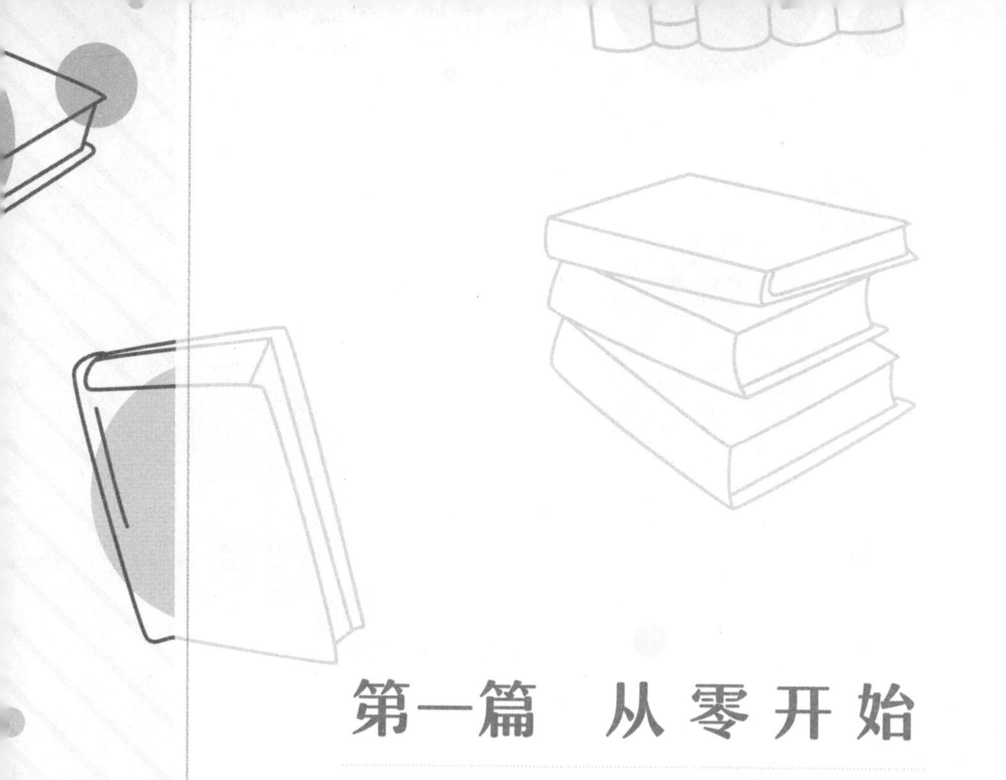

第一篇　从零开始

从零开始，意味着读者可以是从来没有接触过编程的新手。本篇以接近于手把手的方式，带领读者从零开始学习 Python 编程。

这里提供几个学编程的基本技能：

（1）每天编写代码半个小时，日积月累；

（2）为了巩固验证自己对知识所掌握程度，完成各章后的练习和实验；

（3）网络是一个万能的“编程老师”，碰到问题多在网上搜索，以寻求最佳答案；

（4）多接触“大牛们”编写的代码，你的水平会得到提升。

第一章
编程准备工作

第一章是为从未接触过编程的朋友们所准备的，通过对最基础知识的介绍，让读者对编程有个初步印象，并带领读者开始一步步深入了解编程。

1.1 从计算机到人工智能

人类是勤劳和智慧的，自进入文明社会开始，人类一直在发明新的工具，以替代人类更好地工作。如原始社会的弓箭、石斧，奴隶社会的青铜器，封建社会的铁制农具，工业社会的机器等。1946 年世界上第一台可编程电子计算机（Computer）诞生了，其只认识“0”“1”数值，“0”和“1”的不同组合代表了人类可以识别的不同的数字、语言、图像等符号，如“0011 0001”代表 ASC Ⅱ码的字符“1”，“0011 0010”代表 ASC Ⅱ码的字符“2”等，这些 8 位的二进制编码被称为计算机可以直接识别的机器码。这个机器码是最低级的编程语言（Programming Language），目前全世界能熟练使用它的人非常少。

自然，人们还是喜欢用容易理解的符号来编程，如用英文来编程，只

要熟悉基本的英语单词，那么无论是阅读代码还是编写代码，人们会感觉比较轻松。不过计算机不能直接识别并执行这些人类可以直接阅读的高级语言，需要通过中间工具把它们转换为机器语言，才能被执行。这个中间工具就是编译器或解释器。编译器是把所编写的代码一次性翻译成机器码，这种方式需要耗费编译时间，但执行速度快；解释器好比是现场翻译员，写一行代码，翻译并执行一行代码。这种带有中间翻译功能的对人类阅读友好的编程语言被称为高级编程语言。图 1.1 所示的为高级编程语言转换为机器语言并被执行的过程。

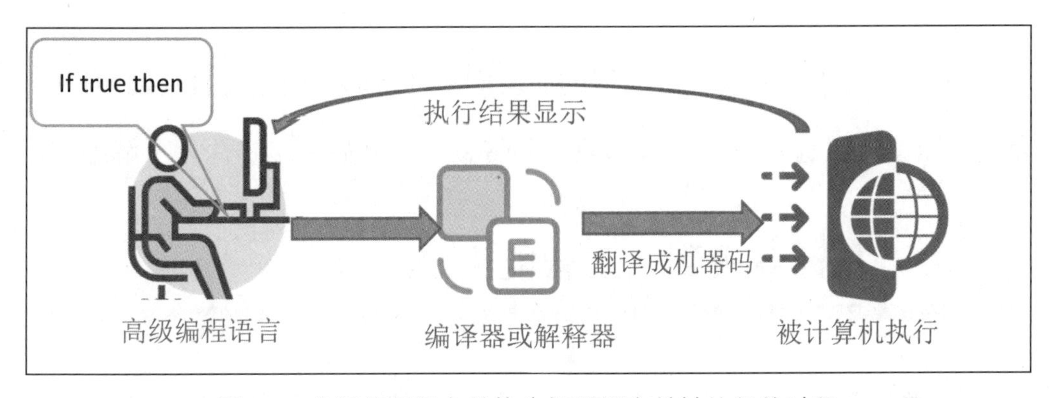

图1.1　高级编程语言转换为机器语言并被执行的过程

目前，世界范围最流行的高级编程语言包括 Python、C、C++、Java 等。本书选择最容易学习而且使用范围最广，可以跟大数据、人工智能直接接触的编程语言——Python 语言，作为本书的主要学习内容。

1950 年 10 月，英国人图灵指出：如果第三者无法辨别人类和机器反应的差别，则可以认为该机器具有人工智能（Artificial Intelligence，AI）。由此可以认为，如果计算机通过编程，能代替人类做加减乘除运算，能判断事务的真假，能进行数学统计，能识别声音、图像等，则这样的计算机就是智能的。

1.2 编程工具准备

计算机编程的核心技巧就是多编写代码，代码编写多了至少能熟悉相关代码的使用。三酷猫第一次接触编程代码时，感觉哪里都是“外星人”，哪个代码都是古怪的，原因是其面对的是很多陌生的知识。在经过 3 个月持续不断编写代码之后，三酷猫总算“开窍”了，能独立编写需要功能的代码了，这就解决了编程入门的问题了。那么要编写并执行代码，需要准备什么呢?

（1）一台计算机，可以是实验室的，也可以是家用的。

（2）一款编程的软件，这里采用 Anaconda 软件安装包，使用其提供的 Spyder 代码编辑器来实现本书的学习。Anaconda 是世界上最优秀的科学计算包之一，被广大科学家、工程师、高校师生所使用。其以 Python 语言为基础，支持大数据分析、科学计算、人工智能等编程功能——实质上其包含了最新 8000 多个各种功能库，如本书将要用到的科学计算库 numpy、图形图像处理库 matplotlib 等，当然也包含了编程工具 Spyder、Python。

Anaconda 安装包的下载及安装过程请参考附录 A，本书主要基于 Win7 环境下安装，所以选择了 32 位 2020 年的 11 版。

⚠注意

Anaconda 版本太高，会导致其在低版本的 Windows 操作系统里无法安装和使用。

Spyder 基本使用方法请参考附录 B。

（3）上述内容准备好了，就可以打开 Spyder 代码编辑器，编写代码了。

1.3 [案例]三酷猫的第一个程序

三酷猫通过Spyder编辑器，编写两行代码，借助计算机用英语和汉语分别向大家问好！其代码实现如图1.2所示。

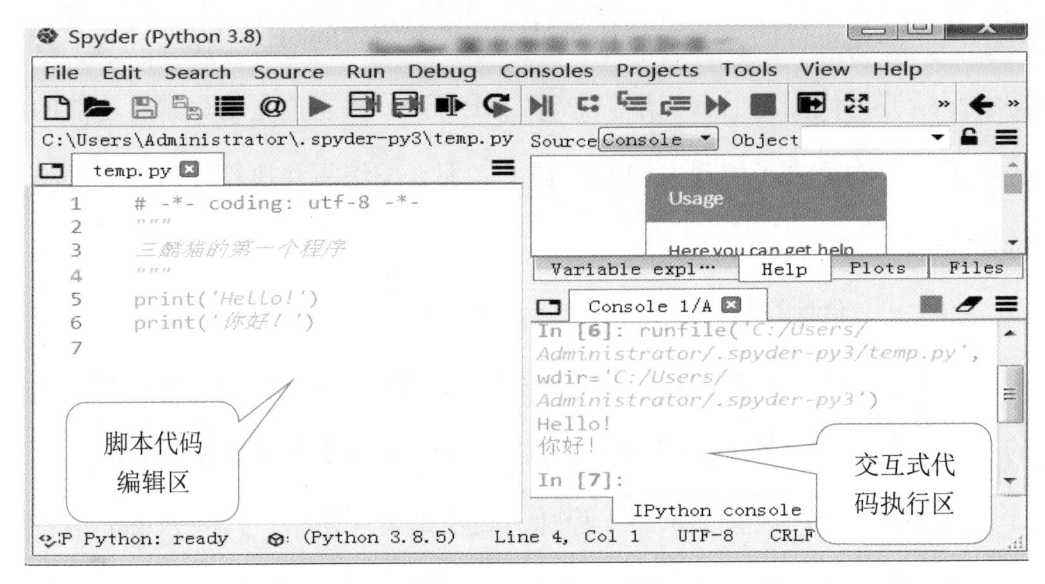

图1.2　三酷猫的第一个程序

在左边脚本代码编辑区，依次输入如下两行代码，第一行输入完成后，回车，然后在第二行继续输入。

```
print('Hello!')
print('你好！')
```

然后，点击工具条里的绿色三角形按钮，执行上述代码，其执行结果在右下角显示如下内容：

```
Hello!
你好！
```

非常棒，三酷猫已经学会编写第一个程序了，让计算机用英语和汉语

成功地向大家问好！

代码中 print 是 Python 自带的保留关键字，用于把其括号内的内容，输出到计算机屏幕上。

print 的基本使用格式举例，如图 1.3 所示，在交互式代码执行区输入一行打印功能代码，回车后执行该代码，显示执行结果。

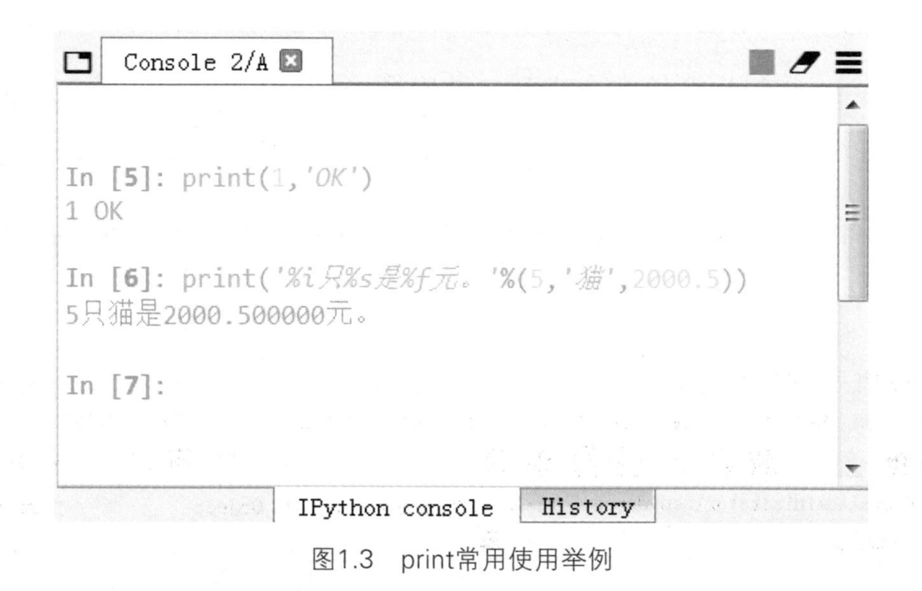

图1.3　print常用使用举例

打印输出 print 关键字常用使用方法说明如下：

（1）单个输出如图 1.2 所示，print('Hello!') 输出一个字符串；

（2）多个输出如图 1.3 所示，print(1,'OK')，先输出一个数字 1，然后继续输出字符串 OK，显然可以连续输出更多，只要中间用逗号隔离即可；

（3）使用格式符号，如图 1.3 所示，print('%i 只 %s 是 %f 元。'%(5,' 猫 ',2000.5))，左边 '%i 只 %s 是 %f 元。' 里的 %i、%s 和 %f 都为格式符号，右边 (5,' 猫 ',2000.5) 为左边格式符号对应的需要输出的值：5、' 猫 ' 和 2000.5; 其中 %i 为输出整数格式符号，对应 5 的输出; %s 为字符串格式符号，对应字符串 ' 猫 ' 的输出；%f 为浮点数格式符号，对应浮点数 2000.5 的输出；该输出结果为“5只猫是2000.5元。”，该结果显然进行了格式控制，格式符号起了作用。

1.4 编程中的红绿灯规则

当然，1.3节的第一个程序，是三酷猫依样画葫芦输入，运气不错！现实中，一些初学者经常会碰到各种问题，如图1.4所示。第5行代码左边给出了一个红色叉号，意味着这行代码有问题。点击绿色三角形按钮，在右下角显示出错英文提示“SyntaxError: EOL while scanning string literal”，代码无法执行。

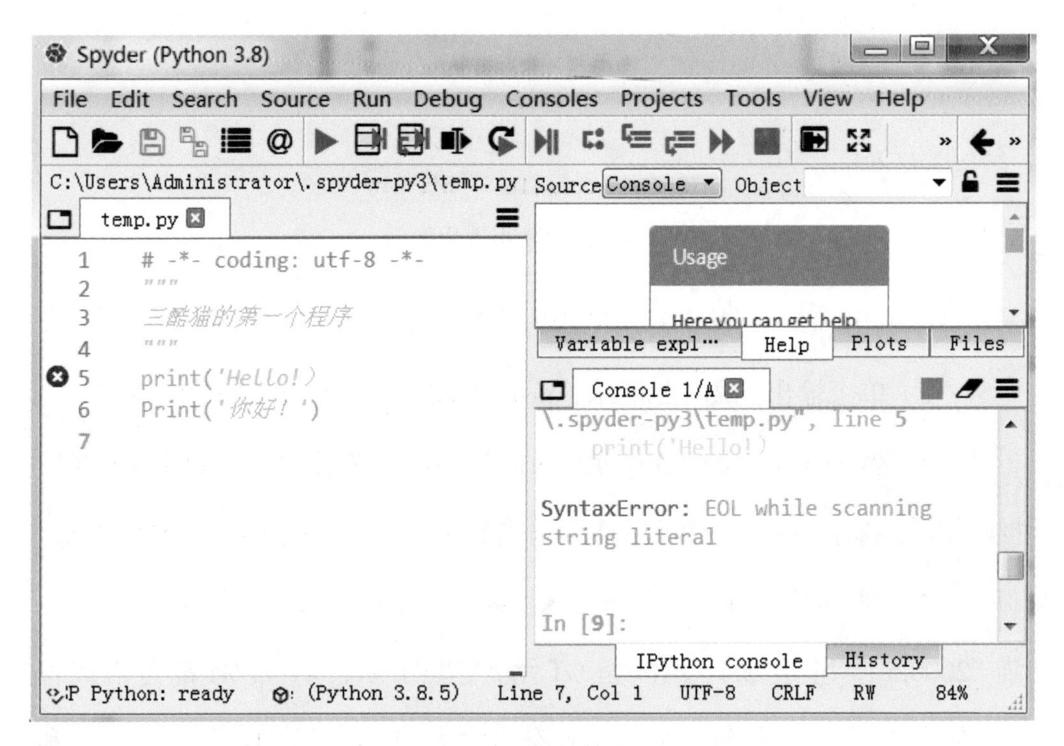

图1.4　代码出错

说明

建议读者见到一个出错英文单词，就记住一个，这样日积月累，编程的水平就会突飞猛进的。如认识了“SyntaxError”就知道是代码的语法出错了，应该查找代码的语法问题。

从上述情况可以知道，Python 编程，必须遵守一定编程的规则。

Python 编程规则如下。

（1）大小写敏感，如图 1.4 所示。print 和 Print 是两个不同的命令，第一个是正确的命令，所有字母都小写；第二个首字母 P 大写，意味着命令出错。

（2）关键字的小括号、单引号，必须都用半角方式输入，不能用全角方式输入，图 1.4 中第 5 行代码在输入右小括号时，误用了全角方式，导致代码无法被执行，因此被给予出错英文提示。

（3）若代码之间有逻辑关系，则 Python 通过缩进 4 个空格来进行逻辑区分，如图 1.5 所示，第 4 行与第 5 行代码之间通过缩进 4 个空格来区分它们之间的逻辑关系（if 关键字的逻辑关系，详见第三章内容）；也可以采用一行代码结束，按回车键自动换行，接受默认的缩进空格；两种方式只能选择其一。

（4）命名组成：在编程时，各种使用对象（如关键字、变量、函数等）名称只能由字母、数字、下划线组成——也就是只有小写字母 a 到 z、大写字母 A 到 Z、下划线 _ 和数字 0 到 9，才能被使用。注意，在命名时数字不能被放在名称首字符位置处，否则执行代码时编译器会报错。

```
untitled0.py*
1    # -*- coding: utf-8 -*-
2
3    age=10
4    if (age<7):
5        print(age,'是幼儿！')
6    else:
7        print(age,'是少儿！')
```

4个空格

图1.5　缩进格式

上述都是初学者最容易出错的问题，需要读者谨记。

1.5　良好的编程习惯

编写完成代码后，除了让计算机运行外，还需要提供良好的代码帮助阅读。

这里主要通过注释说明、良好的命名方式，为代码阅读提供更好的帮助。

1．注释说明

图 1.2 和图 1.4 中的代码，已经提供了代码注释说明，在代码开始部分“三酷猫的第一个程序”就是一个注释说明，它在代码运行时，并不被执行，仅供读者阅读理解。

Python 语言提供了两种注释使用方法，如图 1.6 所示。

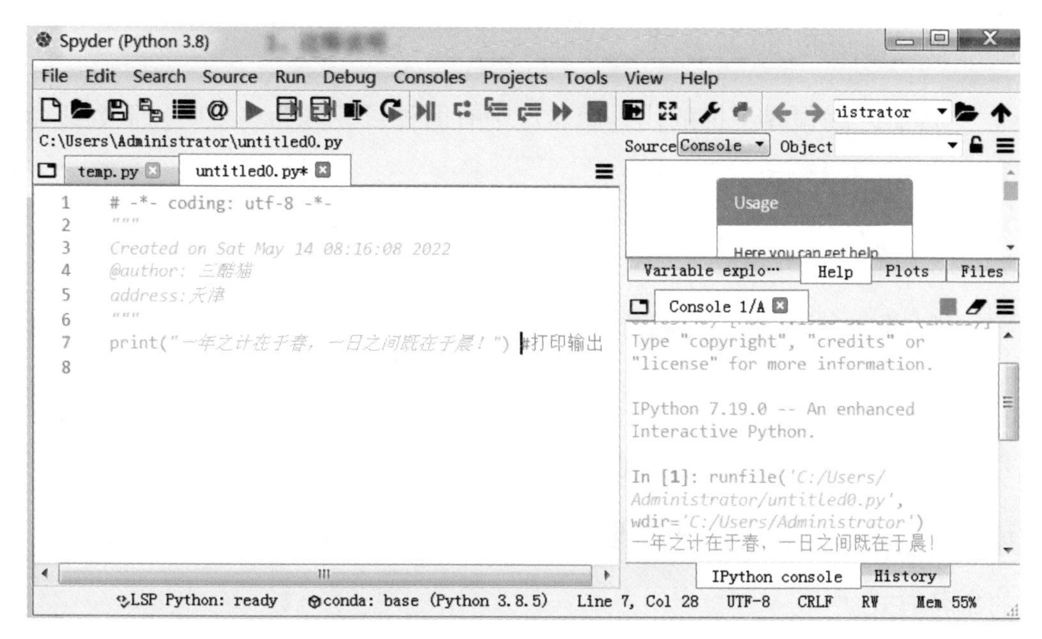

图1.6 Python的两种注释使用方法

1）多行注释说明

在 Python 语言里用三引号表示多行的注释内容，如图 1.6 所示的第 2 行代码三引号，表示多行注释开始；第 3 行注释说明了编程开始时间，第 4 行说明编程作者，第 5 行说明编程地点，第 6 行三引号表示多行注释说明结束。该多行注释说明，在该代码被执行时，并没有运行输出任何内容，如图 1.6 右下所示，说明该部分代码仅用于读者的阅读理解。

2）单行注释说明

另外一种常用的单行注释说明，用“#”开始来说明一行代码内容，如图 1.6 所示的第 7 行代码右边，“#”后内容并不被执行，而仅用于说明左边代码的含义。

对于复杂的代码，读者一定要养成重点代码必须给予注释说明的良好习惯。

2．良好的命名方式

目前，编程界主推的代码命名规则有两种：驼峰命名规则、下划线命名规则。

1）驼峰命名规则

驼峰命名规则，就是对变量等进行命名时，采用英文单词首字母大写，其他字母小写的命名规则。如图 1.7 所示，第 8 行代码，变量 ThreeCoolCats 的三个英文单词 Three、Cool、Cats 的首字母都大写，其他字母小写，这样有利读者阅读理解，而第 9、10 行的变量命名则是“糟糕”的命名方式。

图1.7　命名规则

2）下划线命名规则

下划线命名规则，就是英文字母都为小写，英文单词之间用下划线隔离，如图 1.7 所示的第 12 行，这样主要为了方便读者阅读理解。

1.6 练习和实验

练习

1. 填空题

（1）用“0”“1”组合的这些8位的二进制编码被称为计算机可以直接识别的（　）。

（2）高级语言代码，需要通过中间工具把它们转换为机器语言，才能被执行，这个中间工具就是编译器或（　）。

（3）如果计算机通过（　），能代替人类做加减乘除运算，能判断事务的真假，能进行数学统计，能识别声音、图像等，则这样的计算机就是智能的。

（4）编程准备工作需要准备一台计算机、一款（　）、一本编程书。

（5）Spyder是代码（　），用于代码编写。

2. 判断题

（1）在Spyder代码编辑器里，通过点击绿色三角形按钮执行代码（　）。

（3）Python语言编程，所输入的print和Print是同一个关键字，执行一样的打印输出功能（　）。

（3）代码里（ ）、（ ）、（ ）都可以作为小括号正常使用（　）。

（4）代码和代码之间缩进格式建议采用4空格缩进，而且不能一会儿3空格缩进、一会儿2空格缩进（　）。

（5）Python 语言变量等名称只能由字母、数字、下划线组成（　）。

1．实验一

编写自己的第一个程序，要求如下：

（1）说明编程人员的姓名、编写时间、编写地址、年龄、性别；

（2）打印输出自己的姓名，分别用英文、中文输出；

（3）打印输出"________________________________"；

（4）把代码保存为 MyFirstCode.py 文件。

2．实验二

编写自己的第二个程序，打印输出如下的三角形旗帜：

```
*
**
***
****
*****
******
*******
```

第二章 智能计算基础

从第二章开始，正式学习Python的最基础的知识，包括变量、四则运算、求余、取整、赋值、求幂、求次方根、取近似值、求随机数、求两点间距离、三角函数、逻辑比较、字符串处理等。

2.1 用变量记录数据

Python 代码需要记录各种数据：

（1）整数（Integer）是指数学里的整数，如 -2、-1、0、1、2、3；

（2）浮点数（Float）是指带小数位的数值，如 0.1、100.2、0.89；

（3）字符串（String），是指用单引号括起来（如 'TomCat' ' 我是中国人 ' '88888888'）；或用双引号括起来（"OK" "2388888"）；或用三引号括起来（'''China''' '''123456'''）的字符串；

（4）逻辑值（Logical），其值为 True（真）或 False（假）；其中 0、None 也可以代表 False。

上述内容需要在内存里开辟临时地址空间，用于存储其对应值，方便后续计算。在内存里临时开辟地址空间存储数据，并给出一个易于阅读名称的对象称为变量（Variable）。变量根据赋值的不同，自动区分整数、浮点数、字符串、逻辑等类型变量。

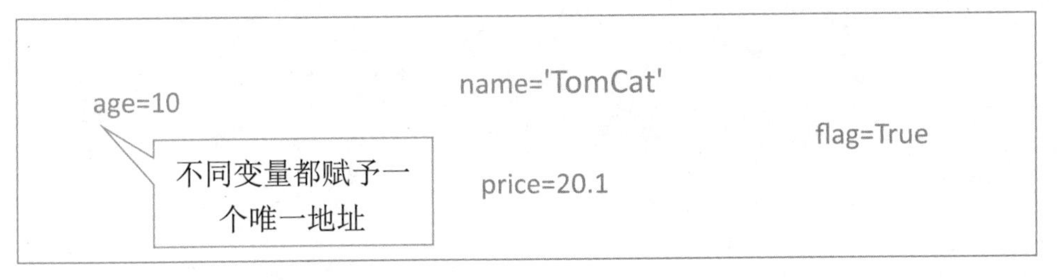

图2.1 在内存里运行的各种变量

图 2.1 模拟了计算机里的内存，所有的变量只能通过内存进行数据读写操作，由此，需要为每个变量开辟一个独一无二的内存地址，临时保存变量的值。

这好比是数学老师，必须在黑板上写出一个个数字，才能为大家计算各种数值。这个内存就是黑板，为了计算机运算方便，给每个变量自动赋予一个唯一的临时地址。

图 2.2 所示的为 Python 语言实现的整数、字符串、浮点数、逻辑类型的变量对象，其对应各自的变量值，在代码编辑器里点击绿色三角形按钮，这些变量在内存指定的地址里运行。

说明

读者们，从现在开始要学会根据书上的代码，进行模仿编写，以熟悉代码内容。

编写前需要打开 Spyder 代码编辑器，也可以使用 Python 自带 IDE 代码编辑器，或其他相关编辑工具。

```
Rename_1_5.py   flag_1_test.py   2_1_Variable.py
1   # -*- coding: utf-8 -*-
2   """
3   Created on Sat May 14 18:46:04 2022
4
5   @author: 三酷猫
6   """
7   age=10           #代表年龄的整数变量，其值为10
8   name='TomCat'    #代表姓名的字符串变量，其值为TomCat
9   price=20.1       #代表价格的浮点数变量，其值为20.1
10  flag=True        #代表标志的逻辑变量，其值为True
11
```

图2.2　不同变量的代码编写

变量值的变化，会导致其在内存里重新获得新的地址。这意味着每次赋值，同一个名称的变量，实际上在内存里重新生成一次。其地址变化过程如图 2.3 所示。首先给变量 i 赋值 5，然后用 Python 自带的取地址函数 id( ) 获取变量 i 的地址 263353584；然后给变量 i 赋新值 10，再用 id( ) 获取变量 i 地址，发现变量为 263353664，显然同一个变量 i 经过两次赋值后的内存地址变化了。

Console 2/A
Python.
In [1]: i=5
In [2]: id(i)
Out[2]: 263353584
In [3]: i=10
In [4]: id(i)
Out[4]: 263353664
In [5]:

图2.3　获取变量地址

2.2 简易运算（一）

数学里最基础的加减乘除四则运算，可以通过编程，在计算机里自动计算。那些复杂的数学计算，计算机也可以轻而易举地替代人的大脑，进行运算解答。

2.2.1 基本四则运算

数学里的四则运算符是“+、−、×、÷”，在计算机里其对应的四则运算符为“+、−、*、/”。这里加减符一致，乘除符有点区别，但是使用方法一样。

图 2.4 所示的交互式命令执行区，依次执行如下命令，并显示对应计算结果。

```
>>1+3                  # 执行加法
4
>>5-2                  # 执行减法
3
>>2*2                  # 执行乘法
4
>>10/2                 # 执行除法
5.0
>>i=8
>>price=8.8
>>price*i              # 整型变量与浮点型变量相乘
78.4
```

本书介绍交互式执行代码，采用 >> 命令提示符号，这里不再一个个截取如图 2.4 所示的执行界面

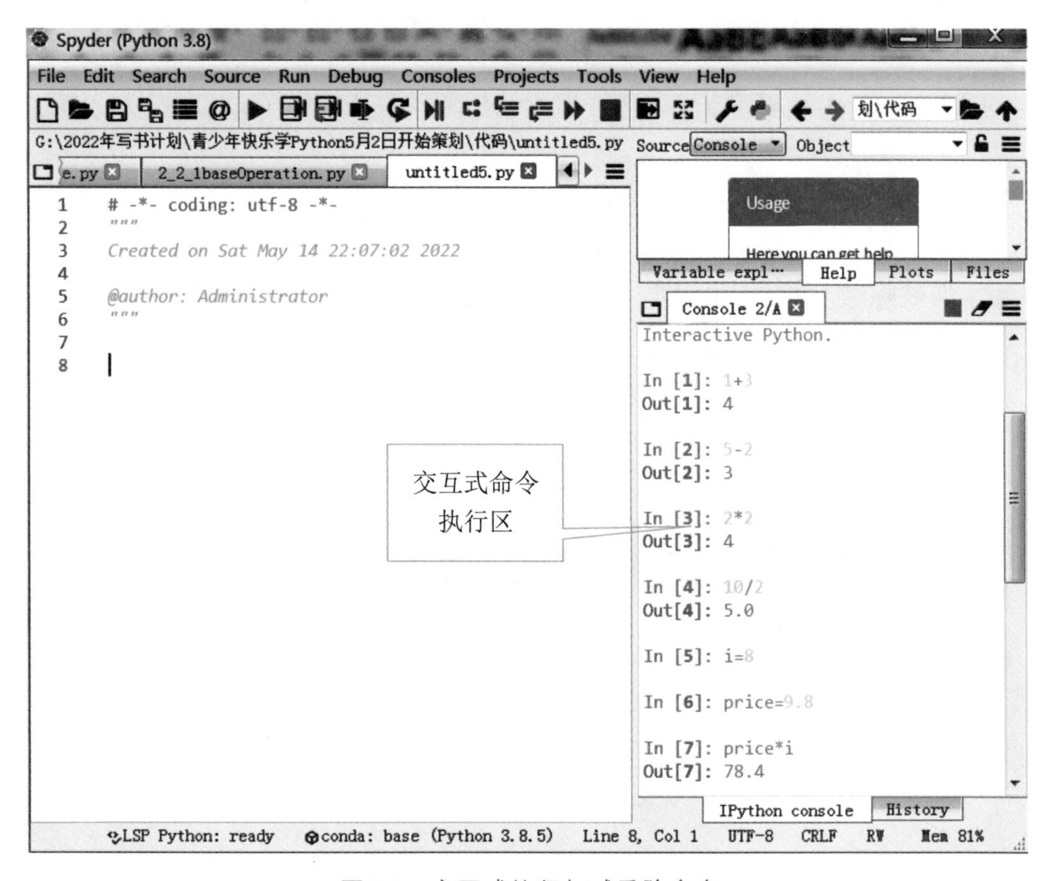

图2.4　交互式执行加减乘除命令

2.2.2　四则混合运算

根据数学知识可知，加减乘除四则混合运算是有优先级的，而且可以通过小括号调整优先级。

```
>>(5+15)*10/2
            # 先计算小括号里的加法得 20，再乘以 10 得 200，最后除以 2 得
100.0
>>j=2
>>m=20
>>10+(j+8)*m/2
   # 先计算小括号里 2+8 得 10，再计算 10*20/2 得 100，最后加 10 得 110.0
110.0
```

上述小括号及加减乘除运算的优先级，跟小学数学里的一模一样。唯一不同点，除法结果都为浮点数。

2.2.3 求余、取整

当被除数与除数相除时，存在除不尽的问题，于是想知道余数还剩多少。Python 的 % 运算符用于求余，另外 // 运算符用于获取除法的商的整数部分。

```
>>11%2        #求余,11 除以 2,取余数,得 1
1
>>11//2       #取整,11 除以 2,取商的整数部分 5
5
>>11/2        #求商,11 除以 2,得商 5.5
5.5
>>10//2       #取整,10 除以 2,取商的整数部分 5
5
```

2.2.4 赋值运算

在数学里通过“=”实现数学公式的等价表示，或实现值的计算过程等价表示。在 Python 语言里通过“=”符号实现变量的赋值，示例如下：

```
>>age=10        #把整数 10 赋值给变量 age,这里变量隐性认为是整型的值
>>print(age)    #赋值后的变量可以被调用
10
```

Python 支持传统数学要求的赋值表达方式，示例如下：

```
>>i=10
>>j=20
>>num=i+j       #求变量 i 值和 j 值的和,结果赋值给 num ①
>>print(num)
30
>>num=j-20      #求变量 j 减 20 的差,结果赋值给 num ②
>>print(num)
```

```
0
>>num=i*j          # 求变量 i 值和 j 值的积，结果赋值给 num ③
>>print(num)
200
>>num=j/i          # 求变量 j 值与 i 值的商，结果赋值给 num ④
>>print(num)
2.0
```

上述的加减乘除都涉及了 num、i、j 三个变量的运算，但是为了提高内存空间的使用效率，Python 提供了另外一类增量赋值表达式，如 j+=i、j-=i、j*=i、j/=i，其实现效果同①、②、③、④，只不过都省略了变量 num，把结果直接存储到变量 j 中，这样可以节省内存空间，并提高运算速度。具体使用方法示例如下：

```
>>i=10
>>j=20
>>j+=i             #20+10
>>print(j)
30
```

上述过程，j+=i 计算结果等价于 num=j+i，其计算结果输出为 30，j 值变为 30，i 值仍为 10 不变。继续在上述基础上，执行 j-=i，其结果如下：

```
>>j-=i             #30-10
>>print(j)
20
```

继续执行 j*=i，其结果如下：

```
>>j*=i             #20*10
>>print(j)
200
```

继续执行 j/=i，其结果如下：

```
>>j/=i             #200/10
```

```
>>print(j)
20.0
```

传统运算方式：借助 num 存储计算结果，而 j、i 值都不变的区别；增量赋值少了变量 num，并利用 j 存储计算结果——也就是 j 值随着计算持续在变化。显然，两种计算结果存在不一致问题。

说明

传统运算和增量赋值运算，都需要读者熟练使用。

2.3 简易运算（二）

计算机具备做小学数学题目的能力，自然也具备做中学数学题目的能力。

2.3.1 求幂、次方根

求幂、n 次方根是初中的基础知识之一。

1. 求幂

求幂，就是求 x 的 n 次方的过程。在 Python 里用 x**n 表达式来实现求幂，其中 x 是底数，n 是次数，** 是求幂运算符。

```
>>5**2          # 求 5 的平方
25
>>5**3          # 求 5 的立方
125
>>5**4          # 求 5 的 4 次方
625
>>x=5
```

```
>>n=5
>>x**n          # 求 5 的 5 次方
3125
>>x**(n-3)      # 求 5 的 2 次方
25
```

2. 求 n 次方根

在 Python 里求 n 次方根，可以有三种方法：

1）用 math 自带的 sqrt( ) 函数求平方根

在 Python 里求平方根可以使用自带的 math 数学库里的函数 sqrt( )，示例如下：

```
>>import math     # 首先需要导入自带的 math 数学库
>>math.sqrt(25)  # 然后用 . 号调用 math 数学库里的开平方函数 sqrt(25)
5.0
```

2）用 pow( ) 函数求 n 次方根

示例如下：

```
>>pow(25,0.5)                  # 用 pow() 函数求 25 的开方
5.0
>>pow(625,1/4)                 # 用 pow() 函数求 625 的 4 次方根
5.0
>>pow(125,1/3)                 # 用 pow() 函数求 125 的 3 次方根
4.999999999999999
                     # 这里并没有出现 5 的整数根，而是一个接近于 5 的近似答案
```

最后一个出现近似答案，是因为在 pow( ) 函数里，优先计算 1/3 并得到一个 0.333…的近似指数值，最后这个近似指数值用于 pow( ) 求根，得到一个近似的根。

3）用 x**(1/n) 求 n 次方根

示例如下：

```
>>25**(1/2)            # 求 25 的平方根
5.0
>>125**(1/3)           # 求 125 的 3 次方根
4.999999999999999
```

2.3.2 取近似值

显然 2.3.1 节产生的近似值 4.999999999999999，有时不是使用者想要的数字，使用者需要一个确定的整数值。为此，Python 提供了以下函数。

1. 取整函数 int( ) 实现四舍五入

若需要完全按照数学里的四舍五入规则取值，可以采用 Python 自带的 int( ) 取整函数实现，示例如下：

```
>>int(4.5)     #int() 函数对浮点数，仅保留整数部分，去掉小数部分
4
>>i=4.5
>>int(i+0.5) # 这里采用了浮点数加 0.5，巧妙地实现浮点数四舍五入取整过程
5
>>j=4.6
>>int(j+0.5)
5
>>k=4.4
>>int(k+0.5)
4
```

2. round( ) 函数实现四舍五入

round( ) 函数可以实现浮点数四舍五入的取整，也可以实现指定小数位的四舍五入。

1）浮点数四舍五入的取整

Python 自带的 round( ) 函数提供了另外一种功能的四舍五入方法，示例如下：

```
>>round(4.999999999999999)
5
>>round(4.500001)
5
```

另外，当一个浮点数刚好在两个整数的中间位置时，round( ) 函数取靠近它的偶数为最终取舍结果。

```
>>round(4.5)        #4.5 在 4 和 5 之间，4 是最靠近它的偶数，所以取 4
4
>>round(3.5)        #3.5 在 3 和 4 之间，4 是最靠近它的偶数，所以取 4
4
```

这个取数规则和数学里的四舍五入规则有点区别，需要引起读者注意。

2）指定小数位的四舍五入取整

round( ) 函数提供了第二个参数，用于指定保留几位小数，示例如下：

```
>>round(4.235,2)# 保留小数点后 2 位，小数点后第 3 位 5（四舍五入）进 1
4.24
>>round(3.235,2)# 保留小数点后 2 位，小数点后第 3 位 5（四舍五入）舍去
3.23
>>round(4.245,2)# 保留小数点后 2 位，小数点后第 3 位 5（四舍五入）进 1
4.25
>>round(4.254,2)# 保留小数点后 2 位，小数点后第 3 位 4（四舍五入）舍去
4.25
>>
```

注意

由于 Python 语言里浮点数存储的是近似数字，如 1.55555555555555，1.5544444444，所以用 round( ) 做四舍五入时，存在极小的误差，导致四舍五入不准确。在日常编程中，对四舍五入要求高的，可以使用其他方法来解决该问题。

3. 取不小于浮点数的最小整数

Python的math数学库提供了ceil( )用于获取不小于浮点数的最小整数。

```
>>import math
>>math.ceil(5.1)
6
>>math.ceil(5.0)
5
```

Python 提供的 int( )、round( )、math.ceil( ) 函数，在近似值取值时，各有特点，需要根据实际需要合理选择。

2.3.3 随机数

在实际生活中经常会碰到随机事件，如买彩票中奖、在一副牌中随机抽取一张扑克牌、年底活动随机派送奖品、老师上课随机提问。这些事件可以通过 Python 自带的 random 随机函数库里的 randint( ) 随机函数来模拟实现。

```
>>import random              # 导入 random 随机函数库
>>random.randint(0,10) # 随机返回 0 到 10，这 11 个整数里的任意一个数
10
>>random.randint(0,10)
9
>>random.randint(0,10)
1
>>random.randint(0,10)
3
>>random.randint(0,10)
7
```

由于 random.randint( ) 随机函数可以在指定整数范围随机返回一个数字，利用这个特点可以模仿抽取扑克牌的抽取事件。一副完整的扑克牌 54 张，可以用 1 到 54 代表，要随机抽取其中一张，实现过程如下：

```
>>random.randint(1,54)
  48                                    # 随机抽取出第 48 张的扑克牌
```

2.3.4　求两点间的距离

在一个二维平面上，可以利用勾股定理求两点间的距离。如图2.5所示，在二维平面上，分别给出了2个点的坐标（2,3）、（6,6）。

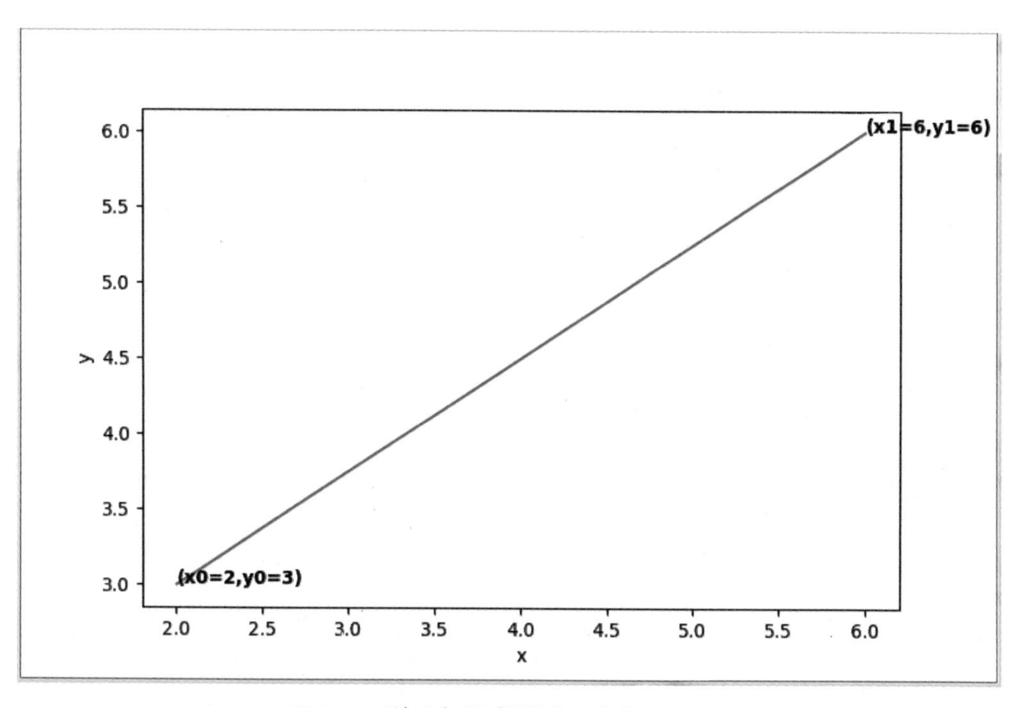

图2.5　利用勾股定理求两点间的距离

$$D=\sqrt{a^2+b^2}=\sqrt{(x1-x0)^2+(y1-y0)^2} \quad (2.1)$$

式（2.1）为求两点之间距离的公式，用Python语言编写代码如下：

```
>>import math
>>D=math.sqrt((6-2)**2+(6-3)**2)      # 利用勾股定理求两点间的距离
>>print(' 两点间的距离为 %.1f'%(D))
                                      #%.1f 表示输出浮点数，保留一位小数
两点间的距离为 5.0
```

2.3.5 三角函数

三角函数是初三数学知识。

Python 的 math 数学库为三角函数计算提供正弦 sin(x)、余弦 cos(x)、正切 tan(x) 函数，它们的 x 参数取值范围为 [0,2π] 的弧度值，其中 π 在 Python 里用 math.pi 表示。

```
>>math.sin(math.pi/2)
1.0
>>math.cos(math.pi)
-1.0
>>math.tan(math.pi/4)
0.9999999999999999
```

2.4 逻辑比较

人们在日常生活中，喜欢各种比较，如比较三酷猫胖还是加菲猫胖，月亮圆还是太阳圆，王五成绩好还是麻六成绩好。Python 也提供了一系列逻辑比较运算符，如表 2.1 所示，用于 Python 任何对象的比较，比较结果为 True 或 False。

表 2.1 比较运算符

序号	运算符	中文名称	运算规则描述
1	==	等于	x==y，比较结果相等，返回 True；否则返回 False
2	!=	不等于	x!=y，比较结果不相等，返回 True；否则返回 False
3	>	大于	x>y，比较结果 x 大于 y，返回 True；否则返回 False
4	<	小于	x<y，比较结果 x 小于 y，返回 True；否则返回 False
5	>=	不小于	x>=y，比较结果 x 不小于 y，返回 True；否则返回 False
6	<=	不大于	x<=y，比较结果 x 不大于 y，返回 True；否则返回 False

在 Python 里实现表 2.1 的比较运算符操作，其测试代码示例如下：

```
>>age=10        #age 年龄 10 岁
>>age1=9        #age1 年龄 9 岁
>>age==age1     # 比较 age 与 age1 的年龄是否相等
False           # 比较结果为 False，表示不相等
>>age!=age1     # 比较 age 与 age1 是否不相等
True            # 比较结果为 True，表示确实不相等
>>age<age1      # 比较 age 是否小于 age1
False           # 比较结果为 False，表示 age 不是小于 age1
>>age>age1      # 比较 age 是否大于 age1
True            # 比较结果为 True，表示 age 确实大于 age1
>>age<=age1     # 比较 age 是否不大于 age1
False           # 比较结果为 False，表示 age 不是不大于 age1
>>age>=age1     # 比较 age 是否不小于 age1
True            # 比较结果为 True，表示 age 确实不小于 age1
```

逻辑比较运算符，将用于后面很多语句的条件表达式判断，如 if、while 语句等。

2.5　字符串操作

中国人说汉语、英国人说英语、日本人说日语，不同国家的语言表述自然有所差异。计算机编程的一个重要应用，就是可以实现不同国家的语言表示。Python 语言里用字符串来表示英语、汉语、日语等。

2.5.1　基本字符串操作

字符串（String）由单引号（'）、多引号（"）或三引号（'''）成对出现，包含相应的内容表示，示例如下：

```
>>Tom='Hello,Jim!'
>>Jim="Hello,Tom!"
>>Alice='''My call 88888-999 and my email 282828@tdd.com'''
>>Jack='你们好！欢迎来中国旅游！'
```

```
>>Mike="こんにちは！"                # 日语，你们好！
```

显然，除了能正确表达字符串内容外，计算机编程还希望能对字符串进行各种基本操作处理，于是需要进一步了解字符串的组成，如图 2.6 所示。

Tom字符串：	Hello.Jim!
下标地址：	0123456789

图2.6　字符串对应的下标地址

如图 2.6 所示，为了方便处理字符串，在内存里为每个字符都提供了一个下标地址，而且地址范围从 0 开始，所有字符的个数和就是字符串的长度。“Hello,Jim!”的长度为 10。

读取指定子串可以单下标读取方式，也可以切片（Slice）读取方式。

1．单下标读取方式为：[下标值]

读取下标值为 4 的一个字符。

```
>>Tom='Hello,Jim!'
>>Tom[4]                                # 读取下标值为 4 的一个字符
'o'
>>Jack='你们好！欢迎来中国旅游！'          # 读取下标值为 4 的一个字符
>>Jack[4]
'欢'
```

2．切片读取方式为：[左下标 ：右下标 ：步长]

用切片读取方式读取字符串前指定个数的字符，在不提供步长的情况下，默认步长为 1。

```
>>Tom[0:4]                # 读取前 4 个字符
'Hell'
```

```
>>Tom[0:5]                  # 读取前 5 个字符
'Hello'
```

注意用切片方式读取子串时，从左下标开始到右下标结束（不包括右下标本身的那个字符）

可以省略左下标，如下所示：

```
>>Tom[:5]
'Hello'
```

可以省略右下标，如下所示：

```
>>Tom[6:]
'Jim!
```

可以省略左下标、右下标，如下所示：

```
>>Tom[:]
'Hello,Jim!'
```

可以指定读取步长，如下所示：

```
>>Tom[::2]
'HloJm'
```

可以用负数下标，读取子串。读取时从右到左读取。

```
>>Tom[-4:-1]
'Jim'
```

2.5.2 其他相关操作

其他相关的字符串操作，主要有获取字符串长度、字符串合并、字符串删除。

1. 获取字符串长度

获取字符串长度用 len( ) 函数，示例如下：

```
>>A="where are you from?"
>>B="I am from China."
>>len(A)                      # 字符串 A 长度为 19
19
>>len(B)                      # 字符串 B 长度为 16
16
```

2. 字符串合并

字符串合并用“+”，在上例代码的基础上继续如下操作：

```
>>C=A+B                    # 字符串 A 与字符串 B 合并成字符串 C
>>len(C)
35
>>C
 'where are you from?I am from China.'
```

3. 字符串删除

字符串删除用 del( ) 函数，示例如下：

```
>>del(C)        # 用 del() 函数删除字符串 C
>>C             # 删除后再执行字符串 C 对象，则计算机报错
Traceback (most recent call last):
  File "<ipython-input-25-6fa8c5733662>", line 1, in <module>
    C
NameError: name 'C' is not defined
  # 变量出错：变量名称为 C 的没有被定义
```

2.6　[案例]三酷猫卖水果

三酷猫喜欢吃水果，他为了吃更多的水果，自己开了一个水果店。但他需要对每一笔交易都进行记账。某日该店的记账情况如下：

（1）进货猕猴桃 5 个，每个猕猴桃进价 10.1 元；

（2）三酷猫吃掉猕猴桃 2 个，销售猕猴桃 3 个，每个猕猴桃售价 20.1 元；

（3）求实际赚取的最终利润，猕猴桃的平均利润。

代码文件：2_6_SaleFruits.py

```
# -*- coding: utf-8 -*-
"""
Created on Sat May 14 19:24:06 2022
@author: 三酷猫
"""
num1=5                                  #5 个猕猴桃
num2=3                                  #3 个猕猴桃
cost=10.1                               # 每个猕猴桃的进价
price=20.1                              # 每个猕猴桃的售价
In_Money=num1*cost                      # 进货成本
Out_Money=num2*price                    # 销售金额
profits=Out_Money-In_Money              # 计算实际利润额
print('三酷猫销售猕猴桃，收获利润 %f 元'%(profits))
average=profits/num1                    # 求每个猕猴桃的平均利润
print('三酷猫进货 %d 个猕猴桃，每个猕猴桃的平均利润为 %f'%(num1,
average))
```

执行结果如下：

```
三酷猫销售猕猴桃，收获利润 9.800000 元
三酷猫进货 5 个猕猴桃，每个猕猴桃的平均利润为 1.960000
```

2.7 练习和实验

练习

1．填空题

（1）变量类型包括整数、浮点数、（　　）、逻辑值等。

（2）创建变量时，在内存里开辟新的具有唯一性的（　　）。

（3）求 x 的平方，其 Python 代码为（　　）。

（4）可以用 len() 函数求（　　）的长度。

（5）可以用 int() 函数对浮点数（　　）。

2．判断题

（1）可以用 id() 函数查看内存里变量的地址。（　　）

（2）可以用 pow() 函数求 n 的 x 次方。（　　）

（3）可以用 round() 函数实现数学里的四舍五入。（　　）

（4）可以用 math.sqrt() 函数实现求 x 次方根。（　　）

（5）可以用 pow() 函数求 x 次方根，但是存在近似根的问题。（　　）

实验

A、B、C、D、E、F、G、H、I、J 为 10 个特工代号，由司令随机抽取一个特工代号，抽中的要求立马上前线进行敌情侦察。具体实现要求如下：

（1）把这些代号都放入一个合适的变量；

（2）用随机函数进行抽取；

（3）打印输出抽取出来的某一个特工代号字母；

（4）把代码保存为 RandomGameCode.py 文件。

第三章

把鸡蛋装在一起

人们喜欢把一类物品放在一起，如把一堆鸡蛋放到同样大小的包装箱里，这样方便统计数量、金额，也方便运输和销售。对于数据的编程也是类似的，Python 语言提供了列表、元组、字典、集合，为不同的数字、字符串等提供了对应的存储模式，方便对数据的各种处理。

3.1 列表

列表（List）是 Python 语言显著区别于其他语言的一种数据结构，其设计更加灵活，可以弥补字符串本身的各种缺陷。

3.1.1 列表表示

列表用中括号([ ])表示列表的开始和结束,元素之间用逗号(,)分隔,提供类似字符串的下标访问功能。列表元素内容及数量可变、元素之间有序排列。这里的元素是指数字、字符串、逻辑值等。列表对象创建示例如下:

```
>>name=['三酷猫','加菲猫','黑猫','三色猫','凯蒂猫']
```

```
                                                    # 元素都为字符串
>>name
['三酷猫', '加菲猫', '黑猫', '三色猫', '凯蒂猫']
>>len(name)                                         # 列表 name 有 5 个元素
5
>>age=[8,12,13,15,17,18]                            # 元素都为整数
>>fruits=['红富士',28,'冰山雪梨',12,'海南菠萝',8]
                                                    # 元素为字符串和整数
>>[]                                                # 空列表
[]
>>students=[['张三',20],['李四',21]]   # 列表里存在 2 个列表元素
>>len(students)
2
```

显然，列表的表达功能明显强于字符串、单个数字等的表达功能。

说明

列表元素可以是不同类型的值，如可以一起存放整型值、字符串值。

3.1.2 列表元素操作

列表提供了基本的增加、查找、修改、删除[①]等功能。

1. 增加元素

列表增加元素主要通过其自带的 append() 方法、insert() 方法实现。

1）append() 方法

append() 方法只在现有列表的最后一个元素后面增加一个值。

```
>>age=[]
>>age.append(12)          # 在空列表里增加一个值 12
```

① 本书对各种变量的操作，都有增加元素、删除元素或变量对象、修改元素、查找元素四种基本操作，方便读者识记。

```
>>age
[12]
```

2）insert(index,value) 方法

insert(index,value) 方法需要设置两个参数，第一个参数 index 设置需要在列表里插入的下标位置，第二个参数是需要插入列表的元素值。

```
>>age.insert(1,20)     # 在下标 1 处插入 20
>>age
[12, 20]
>>age.insert(0,8)      # 在下标 0 处插入 8
>>age
[8, 12, 20]
```

若 insert(index,value) 方法的插入下标超过列表长度的下标范围，则该方法自动把值放到列表最后面，示例如下：

```
>>age=[8,12,20]
>>age.insert(10,23)# 在列表的下标 10 处插入 23（真实列表下标最大值为 2）
>>age
[8, 12, 20, 23]      # 自动把 23 插入列表的最后面
```

2. 查找元素

列表提供了下标、切片、in 成员运算判断符、index( ) 等方法来查找元素。

1）下标查找元素

```
>>fruits=['苹果','猕猴桃','西瓜','橙子','草莓']
>>fruits[0]            # 查找下标为 0 的值
'苹果'
```

2）切片查找元素

```
>>fruits[2:4]          # 用切片获取下标 2 到 4 范围的三个元素
```

```
['西瓜', '橙子']
```

3）in 成员运算判断符查找元素

```
>>'草莓' in fruits        # 判断草莓是否在列表里
True
>>'菠萝' in fruits        # 判断菠萝是否在列表里
False
```

采用in成员运算判断符的优势是，当元素不存在时，计算机不会报错，而是返回 False。

4）index( ) 方法查找元素

```
>>fruits.index('西瓜')# 用 index() 方法查找 fruits 列表里的西瓜
2                        # 返回找到元素的下标，这里返回西瓜的下标为 2
```

当采用 index( ) 方法查找的元素不存在时，计算机将报错，示例如下：

```
>>fruits.index('梨')
Traceback (most recent call last):
  File "<ipython-input-62-ca560361d65e>", line 1, in <module>
    fruits.index('梨')
ValueError: '梨' is not in list
```

其中，“ValueError: '梨' is not in list”表示梨在列表中找不到。

3. 修改元素

修改列表里指定元素的值，可以通过赋值直接修改。

```
>>age=[18,100,17,20,21,25]
>>age[1]=28                        # 把下标为 1 的元素值 100 修改为 28
>>age
[18, 28, 17, 20, 21, 25]
```

4. 删除元素

列表提供了remove()方法用于删除指定元素，当列表有重复值元素时，删除最左边的一个元素。

```
>>name=['张三','李四','王五','李四','麻六']
>>name.remove('李四')                    # 删除最左边的李四
>>name
['张三', '王五', '李四', '麻六']
```

另外可以通过 del() 函数删除指定元素或列表对象。

```
>>del(name[2])                           # 删除下标为 2 的元素
>>name
['张三', '王五', '麻六']
>>del(name)                              # 删除列表对象（所有元素）
```

5. 其他操作

另外常见的列表操作方法包括列表合并、列表元素排序等。

1）列表合并

列表与列表的合并，可以通过“+”直接连接合并。

```
>>teacher1=['李老师','王老师']
>>teacher2=['刘老师','张老师']
>>teacher1=teacher1+teacher2             # 将两个列表合并成一个列表
>>teacher1
['李老师', '王老师', '刘老师', '张老师']
```

2）列表元素排序

列表提供了 sort() 方法，用于列表元素的排序。若 sort() 方法的参数 reverse=False（默认值），则列表里的元素按照从小到大正序排序；若参数 reverse=True，则列表里的元素按照从大到小倒序排序。

```
>>age=[18,100,17,20,21,25]
>>age.sort()          # 用 sort() 方法，默认按正序排序
>>age
[17, 18, 20, 21, 25, 100]
>>age.sort(reverse=True)
                      # 指定 sort() 方法的参数 reverse=True，按倒序排序
>>age
[100, 25, 21, 20, 18, 17]
```

3.1.3　列表嵌套

列表里的元素也可以是列表，这样可以处理更加复杂的数据。

1．列表嵌套的创建

如班级 1 的语文、数学、英语考试，三酷猫、加菲猫、凯蒂猫的成绩如表 3.1 所示。

表 3.1　考试成绩

学生	语文	数学	英语
三酷猫	100	99	100
加菲猫	90	98	91
凯蒂猫	99	100	98

把表 3.1 里的成绩放入列表，采用列表嵌套方式，示例如下：

```
>>grades=[[100,99,100],[90,98,91],[99,100,98]]   # 列表嵌套列表
>>grades[0]                                 # 获取列表里的第一个元素
[100, 99, 100]                              # 显示记录三酷猫成绩的列表
```

2．嵌套列表元素的访问

```
>>grades[0][1]# 显示外面列表里第 1 个元素——对应里面列表里的第 2 个元素
99
>>grades[0][1]=100                          # 把 99 修改为 100
>>grades
```

```
[[100, 100, 100], [90, 98, 91], [99, 100, 98]]
```

3.2 元组

元组（Tuple）是不可变序列的集合，其使用方法类似列表，主要区别是元组元素不可修改，不能排序，用小括号表示。元组与字符串、列表一样也支持下标操作。

3.2.1 元组表示

元组基本创建方式示例如下：

```
>>()                          # 创建空元组
()
>>(1,)                        # 创建一个元素的元组，注意必须后面加逗号
(1,)
>>(1)                         # 数学里的小括号
1
>>('三酷猫','10')             # 两个元素的元组
 ('三酷猫', '10')
>>10,20,30                    # 三个元素的元组，由此可见元组小括号可以省略
 (10, 20, 30)
```

注意

一个元素的元组，元素后必须跟逗号，否则小括号变成了数学里的小括号！

3.2.2 元组操作

元组基本操作包括查找元素、统计元素、合并元组、转换元组、删除元组等。

1．查找元素

元组元素查找主要通过下标或切片查找。

```
>>color=('red','green','blue')
>>color[1]                          # 获取下标为 1 的元组元素
'green'
>>color[1:]                         # 用切片获取下标 1 及以后的元组元素
 ('green', 'blue')
```

2．统计元素

统计元组元素可以通过其提供的 count( ) 方法统计指定元素个数，可以通过 len( ) 函数统计元组长度，另外可以通过 Python 自带的 sum( ) 函数求数值元素和。

（1）统计指定元素的个数，示例如下：

```
>>price=(10,20,30,20,20)
>>price.count(20)             # 统计元素 20 在元组里的个数
3
```

（2）统计元组长度，示例如下：

```
>>len(price)
5
```

（3）求元素和，示例如下：

```
>>sum(price)
100
```

3．合并元组

元组之间的合并可以通过“+”直接操作，示例如下：

```
>>price=(10,20,30,20,20)
```

```
>>price1=(10.5,12.8,30.8)
>>price=price+price1
>>price
(10, 20, 30, 20, 20, 10.5, 12.8, 30.8)
```

4. 转换元组

列表与元组之间可以通过 tuple( )、list( ) 函数进行强制转换。

```
>>grade=[100,99,98,100]     # 列表对象 grade
>>grade1=tuple(grade)       # 通过 tuple() 函数把列表强制转为元组
>>grade1
(100, 99, 98, 100)          # 显示元组格式
>>grade2=list(grade1)       # 通过 list() 函数把元组对象强制转为列表
>>grade2                    # 显示列表格式
[100, 99, 98, 100]
```

5. 删除元组

元组只允许通过 del( ) 函数删除整个元组对象，而不允许删除单个元素，这体现了元素的不可修改特性。

```
>>color=('red','green','blue')
>>del(color)
```

3.3 字典

字典是一种可以存储更加复杂关系元素的数据存储结构，可以解决列表、元组解决不了的问题。

3.3.1 字典表示

字典（dict[①]）是可变的无序集合，用花括号（{}）表示字典的开始和

① 字典，英文为dictionary，在Python语言里用dict表示。

结束，元素之间用逗号隔开，其元素以键值对（Key:Value）形式表示。通过 Key 和 Value 的成对表示，可以表达一对一的对应关系，如姓名：张三。字典不支持下标方式访问元素。

字典使用示例如下：

```
>>students={'no1':'张三','no2':'李四','no3':'王五','no4':'麻六'}
>>students
{'no1': '张三', 'no2': '李四', 'no3': '王五', 'no4': '麻六'}
>>{}
{}
```

字典元素的 Key 必须唯一，而且只能是不可变类型的字符串、数字或元组；字典元素的值可以是任何类型，如字符串、数字、列表、元组、字典等，且可以重复。

```
>>class1={'男生':['丁丁','亮亮','东东','强强'],'女生':
['莉莉','婷婷','倩倩','苗苗']}
>>class1
{'男生': ['丁丁', '亮亮', '东东', '强强'], '女生': ['莉莉',
 '婷婷', '倩倩', '苗苗']}
>>school={1:{'校名':'东方小学','男生':200,'女生':202},2:
{'校名':'明星小学','男生':202,'女生':200}}
>>school
{1: {'校名': '东方小学', '男生': 200, '女生': 202},
 2: {'校名': '明星小学', '男生': 202, '女生': 200}}
```

3.3.2　字典操作

对字典的基本操作可以分查找、增加、修改、删除四种。

1. 查找字典元素

查找字典元素，可以通过字典名 [Key] 或字典对象自带的 get() 方法进行操作。

1）字典名 [Key] 方式查找

其中 Key 为需要查找的键值对里的键。

```
>>profile={'name':'TomCat','age':18,'sex':'男'}
>>profile['age']  # 注意，这里通过中括号、输入元素键，获取对应的值
18
```

输入不存在的键，计算机将报错。

2）字典对象 get() 方法查找

采用 get() 方法查找时，需要为其传递一个键。

```
>>profile.get('name')        # 输入键，返回对应的值
'TomCat'
>>profile.get('call')        # 输入一个并不存在的键，返回空值
```

2. 增加字典对象的元素

通过为字典名指定不存在的键，并进行赋值，实现增加字典对象的元素过程，示例如下：

```
>>profile['call']=88888888    # 增加键为 call、其值为 8888888 的元素
>>profile
{'name':'TomCat','age':18, 'sex': '男', 'call': 88888888}
```

⚠注意

若所指定的键已经存在了，则变成了键所对应值的修改，详见下面“赋值方式修改”的代码示例。

3. 修改字典对象的元素

字典对象提供了赋值方式及其自带的 update() 方法来修改元素。

1）赋值方式修改

字典对象指定的键要存在，才能用如下赋值做值修改，示例如下：

```
>>profile['age']=20                    # 把 age 键对应的值从 18 修改为 20
>>profile
{'name': 'TomCat', 'age': 20, 'sex': '男', 'call': 88888888}
```

2）自带 update( ) 方法修改

用字典对象自带的 update( ) 方法设置一个键参数，进行键对应的值的修改，示例如下：

```
>>profile.update({'call':66666666})
                                  # 把 call 对应的值从 88888888 改为 66666666
>>profile
{'name': 'TomCat', 'age': 20, 'sex': '男', 'call': 66666666}
>>profile.update({'address':'中国天津'})
                                  # 当键不存在时，增加新的元素
>>profile
{'name': 'TomCat', 'age': 20, 'sex': '男', 'call':
 66666666, 'address': '中国天津'}
```

当指定的键不存在时，就会变成增加元素操作。

4. 删除字典对象的元素

用字典自带的 pop( ) 方法或 del( ) 函数删除指定的元素。

1）pop( ) 方法删除指定元素

用字典对象自带的pop( )方法，为其指定一个键，然后删除指定的元素，并返回删除元素的值，示例如下：

```
>>profile.pop('call')# 用 pop() 方法删除指定键的元素，并返回删除元素值
 66666666
>>profile
{'name': 'TomCat', 'age': 20, 'sex': '男', 'address': '中国天津'}
```

2）del( ) 函数删除指定元素

用 Python 自带的 del( ) 函数删除指定元素，也可以一次性删除指定的

字典对象。

```
>>del(profile['sex'])# 用 del() 函数删除 profile 字典对象 sex 键的元素
>>profile
{'name': 'TomCat', 'age': 20, 'address': '中国天津'}
```

3.4 集合

集合（Set）是一个无序的、可变的、不重复的元素集。这里的集合元素可以是数字、字符串、逻辑值。

3.4.1 集合表示

在 Python 里集合用花括号（{}）表示开始和结束，元素之间用逗号分隔，也可以通过 set() 函数来强制表示。空集合必须用 set() 函数来强制定义，不能直接用 {} 表示。

```
>>cards={1,2,3,4,5}          # 定义带 5 个元素的集合对象
>>cards
{1, 2, 3, 4, 5}
len(cards)
5
>>n1=set({})                 # 定义空集合对象
>>n1
set()
```

注意

集合定义与字典定义的主要区别在于元素格式的区别，字典必须采用键值对形式。

3.4.2　集合元素操作

Python 集合提供了基本的查找、增加、删除等操作方法。

1. 查找元素

对集合里的元素进行查找，只能通过 in 成员运算符进行判断。

```
>>cards={1,2,3,4,5}
>>1 in cards
True
```

2. 增加元素

往集合里增加元素，既可以通过集合的 add( ) 方法一个元素一个元素地增加，也可以通过集合的 update( ) 方法同时增加多个元素。

1）用 add( ) 方法增加元素

用 add( ) 方法一次只能增加一个元素，示例如下：

```
>>cards.add(6)             # 往现有集合加一个元素 6
>>cards
{1, 2, 3, 4, 5, 6}
```

如果所增加的元素已存在，则不进行任何操作。

2）用 update( ) 方法增加元素

用 update( ) 方法可以一次性增加多个元素，示例如下：

```
>>cards.update({7,8,9})    # 往现有集合里增加 3 个元素
cards
{1, 2, 3, 4, 5, 6, 7, 8, 9}
```

3. 删除元素

删除集合元素可以用其自带的 pop( ) 方法，也可以用 remove( )、

discard( ) 方法。

1）pop( ) 方法：随机删除一个元素

```
>>cards.pop()
1
>>cards
{2, 3, 4, 5, 6, 7, 8, 9}
```

2）remove( ) 方法：删除一个指定元素

```
>>cards.remove(8)           # 删除指定元素 8
                            # 删除成功返回空
>>cards
{2, 3, 4, 5, 6, 7, 9}
>>cards.discard(4)          # 删除指定元素 4
                            # 删除成功返回空
```

说明

remove( ) 与 discard( ) 方法的主要区别，当指定的元素不存在时，前者计算机报错，后者计算机不报错。

3.4.3 集合运算

根据数学集合知识可知，集合运算包括并集、交集、差集等，这里通过 Python 来实现。

三酷猫水果店里进货 11 个苹果，其中加菲猫买了 6 个冰心苹果、2 个红富士苹果；凯蒂猫买了 2 个红富士苹果、1 个国光苹果，如图 3.1 所示。由此，加菲猫集合了 8 个苹果，凯蒂猫集合了 3 个苹果。

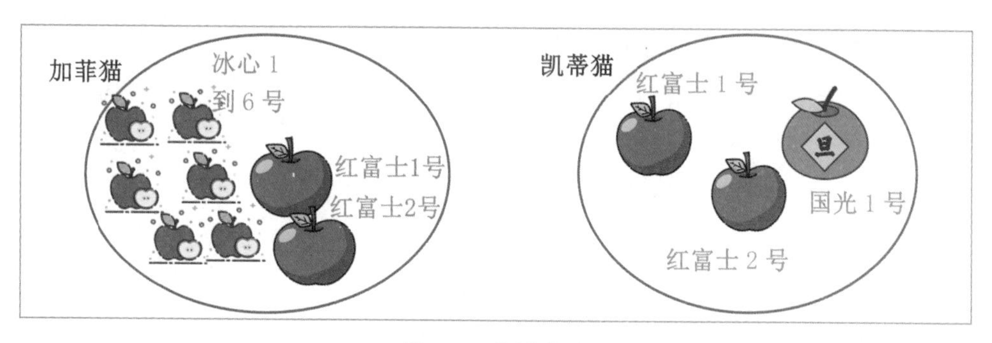

图3.1　苹果集合

用集合表示如下：

```
>>Garfield={'冰心 1 号','冰心 2 号','冰心 3 号','冰心 4 号',
'冰心 5 号','冰心 6 号','红富士 1 号','红富士 2 号'}
>>HelloKitty={'红富士 1 号','红富士 2 号','国光 1 号'}
>>Garfield
{'冰心 1 号', '冰心 2 号', '冰心 3 号', '冰心 4 号', '冰心 5 号',
 '冰心 6 号', '红富士 1 号', '红富士 2 号'}
>>HelloKitty
{'国光 1 号', '红富士 1 号', '红富士 2 号'}
```

1. 并集（A）

在数学中并集就是集合 A 与 B 的所有元素和（把重复元素看成一个元素）。

如图 3.2 所示，集合 A 有 8 个冰心苹果，集合 B 有 2 个红富士苹果和 1 个国光苹果，它们的并集有 9 个苹果（去掉重复的红富士 1 号和红富士 2 号）。

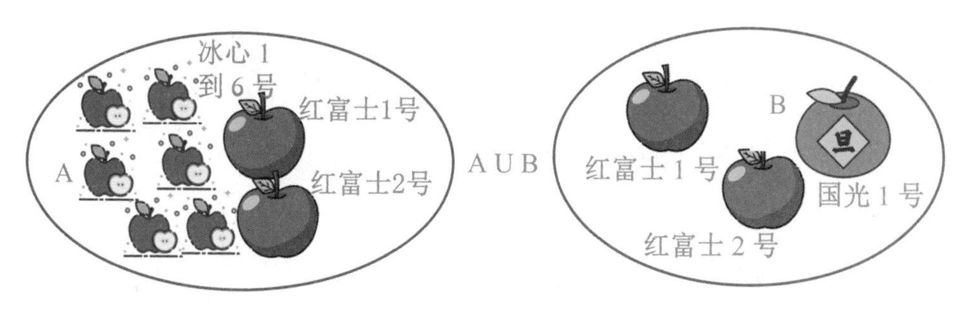

图3.2　并集关系

集合对象提供了 union( ) 方法，实现 2 个集合的并集运算，用 Python 实现并集运算，示例如下：

```
>>apple=Garfield.union(HelloKitty)
>>apple
{'冰心 1 号', '冰心 2 号', '冰心 3 号', '冰心 4 号', '冰心 5 号',
 '冰心 6 号', '国光 1 号', '红富士 1 号', '红富士 2 号'}
>>len(apple)
9
```

2. 交集（A ∩ B）

在数学中 A 与 B 交集就是包含 A 与 B 中都包含的元素。

图 3.3 所示的为集合 A 与集合 B 之间的交集关系，中间 2 个红富士苹果是交集的结果。

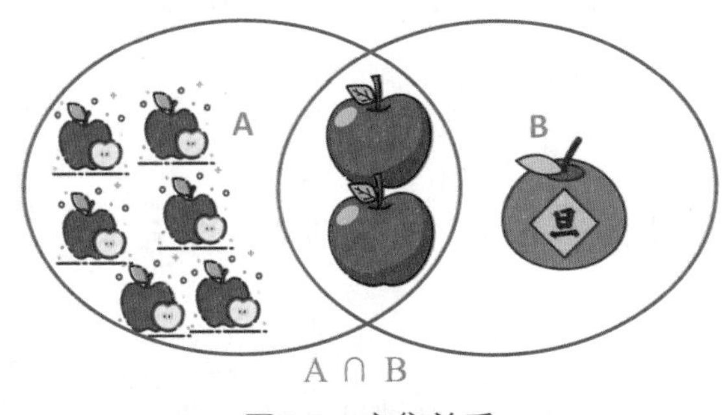

图3.3　交集关系

集合对象自带 intersection( ) 方法，用于运算两个集合的交集。图 2.8 所示的集合 A、B 的交集运算代码示例如下：

```
>>inter=Garfield.intersection(HelloKitty)
>>inter
{'红富士 1 号', '红富士 2 号'}
```

3. 差集（A−B）

数学中集合 A 与 B 的差集就是包含在集合 A 中，但不包含在集合 B

中的元素。

图 3.4 所示的为集合 A 与 B 的差集，得到 A 剩余 6 个冰心苹果。这就是 A–B 的差集运算结果。

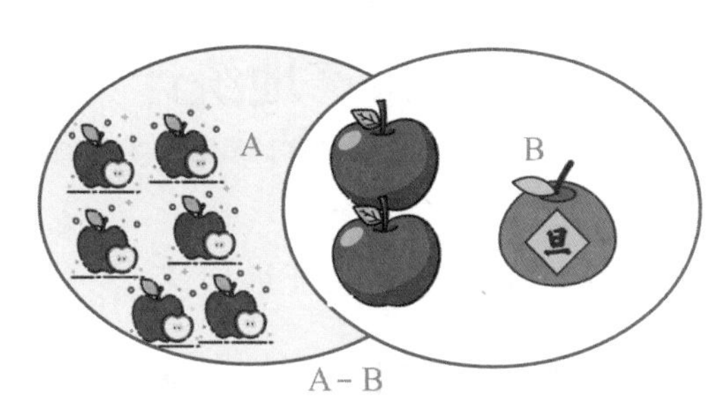

图3.4　差集关系（结果为左边浅蓝色部分）

集合对象自带 difference( ) 方法，用于运算两个集合的差集，示例如下：

```
>>diff=Garfield.difference(HelloKitty)
>>diff
{'冰心 1 号', '冰心 2 号', '冰心 3 号', '冰心 4 号', '冰心 5 号',
 '冰心 6 号'}
```

4. 并集、交集、差集运算，使用运算符方法

集合对象除了提供对应方法用于进行集合运算外，还提供集合运算符进行集合运算，其等价关系如下。

并集符号：| 等价于 union( ) 方法；

交集符号：& 等价于 intersection( ) 方法；

差集符号：– 等价于 difference( ) 方法。

```
>>Garfield|HelloKitty #用 | 符号替代 union() 方法进行两个集合的并集运算
{'冰心 1 号', '冰心 2 号', '冰心 3 号', '冰心 4 号', '冰心 5 号',
 '冰心 6 号', '国光 1 号', '红富士 1 号', '红富士 2 号'}
>>Garfield&HelloKitty
             #用 & 符号代替 intersection() 方法进行两个集合的交集运算
{'红富士 1 号', '红富士 2 号'}
>>Garfield-HelloKitty
```

```
                    #用 - 符号代替 difference() 方法进行两个集合的差集运算
{'冰心 1 号', '冰心 2 号', '冰心 3 号', '冰心 4 号', '冰心 5 号',
 '冰心 6 号'}
```

3.5 [案例]三酷猫水果产地统计

三酷猫的水果店生意兴隆，水果的产地较多。三酷猫想用集合方法，对水果的产地进行分类统计。以樱桃为例，其来源记录如表 3.2 所示，供货商为加菲猫。

表 3.2　樱桃产地清单

产地	货名	规格	颜色
辽宁	樱桃	大号	紫色
山东	樱桃	中号	紫色
黑龙江	樱桃	大号	紫色
河北	樱桃	中号	紫色
吉林	樱桃	特大号	紫色
智利	樱桃	特大号	紫色
秘鲁	樱桃	特大号	紫色
阿根廷	樱桃	特大号	粉色

三酷猫需要完成如下统计：

（1）把樱桃产地分国内、国外两个集合，以统计国内、国外的樱桃产地各是多少个；

（2）国内、国外总共产地的个数，用并集计算；

（3）通过集合的差，统计国内非特大号樱桃的规格类型。

代码文件：3_5_FruitSource.py

```
# -*- coding: utf-8 -*-
```

```
"""
Created on Sat Aug  6 16:14:02 2022
三酷猫水果产地统计
@author: 三酷猫
"""
cherry=[['辽宁','樱桃','大号','紫色'],
        ['山东','樱桃','中号','紫色'],
        ['黑龙江','樱桃','大号','紫色'],
        ['河北','樱桃','中号','紫色'],
        ['吉林','樱桃','特大号','紫色'],
        ['智利','樱桃','特大号','紫色'],
        ['秘鲁','樱桃','特大号','紫色'],
        ['阿根廷','樱桃','特大号','粉色']]
cherry_home={cherry[0][0]+cherry[0][1],          #国内的集合
            cherry[1][0]+cherry[1][1],
            cherry[2][0]+cherry[2][1],
            cherry[3][0]+cherry[3][1],
            cherry[4][0]+cherry[4][1]}
cherry_foreign={cherry[5][0]+cherry[5][1],       #国外的集合
                cherry[6][0]+cherry[6][1],
                cherry[7][0]+cherry[7][1]}
print('国内樱桃产地个数为：',len(cherry_home))
print('国外樱桃产地个数为：',len(cherry_foreign))
all_cherry=cherry_home.union(cherry_foreign) #两个集合的并集
print('国内、国外樱桃产地总个数为：',len(all_cherry))
cherry_home1={cherry[0][1]+cherry[0][2],        #国内的集合
            cherry[1][1]+cherry[1][2],
            cherry[2][1]+cherry[2][2],
            cherry[3][1]+cherry[3][2],
            cherry[4][1]+cherry[4][2]}
cherry_foreign1={cherry[5][1]+cherry[5][2],      #国外的集合
                cherry[6][1]+cherry[6][2],
                cherry[7][1]+cherry[7][2]}
cherry_type=cherry_home1.difference(cherry_foreign1)
print('国内非特大号樱桃的规格类型为',len(cherry_type),"个")
```

上述代码执行结果如下：

```
国内樱桃产地个数为： 5
国外樱桃产地个数为： 3
国内、国外樱桃产地总个数为： 8
国内非特大号樱桃的规格类型为 2 个
```

3.6 练习和实验

1．填空题

（1）列表元素内容及数量可变、元素之间（　　）排列。

（2）元组是（　　）序列的集合。

（3）字典是可变的无序集合，用花括号（{}）表示字典的开始和结束，元素之间用逗号隔开，其元素以（　　）形式表示。

（4）集合是一个无序的、可变的、（　　）的元素集。

（5）集合用花括号（{}）表示开始和结束，元素之间用逗号分隔，也可以通过（　　）函数来强制表示。

2．判断题

（1）列表提供类似字符串的下标访问功能，下标值从 0 开始。（　　）

（2）元组元素不可修改，不能排序，不能用下标访问。（　　）

（3）字典不能用下标访问。（　　）

（4）{} 表示空集合。（　　）

（5）并集的结果元素可以重复。（　　）

1．实验一

三酷猫大学毕业了，他想把个人简历打印出来，准备发给招聘人员。其简历内容如下，请把它们放入同一个存储对象，并打印输出。

姓名：三酷猫；性别：男；年龄，21；地址：天津人民公园；联系电话：88888888；大学，猫咪大学；颜色：白色；成绩：优等；学位：学士。

2．实验二

三酷猫参加了语文、数学、英语、物理、化学、政治、历史、体育考试，其成绩如表 3.3 所示。

表 3.3　三酷猫考试成绩

语文	数学	英语	物理	化学	政治	历史	体育
110	115	102	95	93	95	98	40

（1）分别用列表、元组、字典、集合表示表 3.3 的成绩。

（2）通过列表、元组、集合分别统计总成绩。

（3）选择合适存储对象，进行分数排序。

（4）把代码保存为 SaveGradeCode.py 文件。

第四章

智能逻辑判断与循环

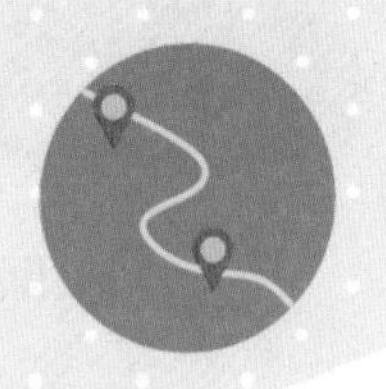

人类对事务具有判断能力，如苹果是否红了，人是否生病了，猫咪是否饿了。另外，现实世界还存在周期性循环的现象，如春夏秋冬，每个月从 1 号开始递进循环到月末，果农每天记录并累加苹果的销售金额等。

针对这些逻辑判断和循环处理要求，几乎所有的高级编程语言都提供逻辑判断语句和循环判断语句，Python 语言也不例外。

4.1 智能逻辑判断

智能逻辑判断语句,将使所编写的代码开始具有初步的智能处理能力。

4.1.1 单分支判断

逻辑判断用 if 语句来实现，其使用基本格式如下：

```
if 条件表达式:
    代码模块 1
```

条件表达式，就是以逻辑值的形式来判断的表达式，if 语句是否执行

“代码模块 1”：当条件表达式结果为 True 时，执行“代码模块 1”；当条件表达式结果为 False 时，不执行“代码模块 1”。

这里的条件表达式可以是 2.4 节的逻辑比较结果，可以是各种变量对象，也可以是其他对象。

单分支判断，就是只做一步判断，要么执行“代码模块 1”，要么不执行“代码模块 1”，其示例如下：

```
>>if True :                # 条件表达式结果为 True，条件满足
        print('条件满足，可以执行该代码块！')
条件满足，可以执行该代码块！
>>if False :               # 条件表达式结果为 False，条件不满足
        print('条件不满足，无法执行该代码模块！')
>>age=10
>>if age<11 :              # 条件表达式结果为 True，条件满足
        print('年龄 %d 满足要求！'%(age))
```

```
年龄 10 满足要求！
```

（1）if 语句与“代码模块 1”之间的关系采用缩进格式进行控制；在交互式操作提示符下第一行 if 代码输入完成后，直接回车，采用默认缩进格式即可；在脚本方式下，建议采用严格的 4 个空格缩进方式。初学者在实际操作时，在该格式控制要求方面，容易犯错误。

（2）条件表达式后面必须要有冒号，否则计算机报格式出错。

4.1.2 二分支判断

有了单分支判断，当然也可以进行二分支、多分支的逻辑判断，其使用格式如下：

```
if 条件表达式:
    代码模块 1
else:
    代码模块 2
```

这里增加了 else 子句，表示在满足其他条件下执行“代码模块 2”。当条件表达式结果为 True 时，执行“代码模块 1”；当条件表达式结果为 False 时，执行“代码模块 2”。

代码示例如下：

```
>>flag=1      # 用变量 flag 来区分苹果是否成熟，1 代表熟了，其他值代表未熟。
>>if flag==1 : # 变量值与 1 相等，条件满足
    print('苹果熟了，可以摘了！')
else :
    print('苹果未熟，还需要等几天！')
print('继续看好果园，防止喜鹊偷苹果！')
```

代码执行结果如下：

```
苹果熟了，可以摘了！
```

4.1.3 多分支判断

多分支判断，if 语句的使用格式如下：

```
if 条件表达式 1 :
    代码模块 1
elif 条件表达式 2:
    代码模块 2
else :
    代码模块 3
```

这里增加了 elif（可以看作是 else if 的缩写）表示第二条件判断、第三条件判断……允许连续多个出现。

多分支判断代码示例如下：

```
>>flag=0
>>if flag==1 :
    print('苹果熟了，可以摘了！')
elif flag==0 :
    print('苹果未熟，还需要等几天！')
    print('继续看好果园，防止喜鹊偷苹果！')
else :
    print('三酷猫，你的苹果被喜鹊偷走了！')
```

因为 flag=0，所以 elif flag==0 满足要求，执行该部分的代码模块内容，其他部分不执行，代码执行结果如下：

```
苹果未熟，还需要等几天！
继续看好果园，防止喜鹊偷苹果！
```

4.1.4 嵌套逻辑判断

在 if 语句的模块代码里可以嵌套 if 语句，这为更加复杂的逻辑判断提供相关功能。if 语句嵌套使用示例如下：

```
>>flag=3
>>if flag==1 :
    print('苹果熟了，可以摘了！')
elif flag==0 :
    print('苹果未熟，还需要等几天！')
    print('继续看好果园，防止喜鹊偷苹果！')
else :
    print('三酷猫，你的苹果被喜鹊偷走了！')
    types=1             #1 代表红富士苹果，2 代表冰心苹果
    if types==1 :
        print('花喜鹊偷的是红富士苹果！') #①
    elif types==2 :
```

```
        print('花喜鹊偷的是冰心苹果！')
```

上述代码执行结果如下：

```
三酷猫，你的苹果被喜鹊偷走了！
花喜鹊偷的是红富士苹果！
```

当 flag=3 时，只能执行 else 的代码模块，在该代码模块里继续用 if 语句判断被偷苹果的种类。由于 types=1，所以 types==1 满足要求，执行①处代码。

4.1.5 [案例] 三酷猫在水果批发市场查看车厘子

三酷猫去水果批发市场，准备采购一些进口车厘子。批发市场分为 A 国产水果区域、B 国产水果区域、C 国产水果区域、D 国产水果区域、E 进口水果区域。他刚刚进入批发市场时，不清楚进口车厘子放在哪个区，需要一个个地去比较查看，一直到找到进口车厘子为止。若每个区域都检查一遍，那么要熬夜到第二天早上 4 点，显然，这样做是不科学的。于是三酷猫决定一天抽查一个区域的水果，今天他想检查进口水果区域的水果，并仔细检查所有的进口车厘子。

上述查看过程的逻辑判断代码实现如下，每个区域的水果种类用 5 类水果示意。

代码文件：4_1_CheckFruits.py

```
# -*- coding: utf-8 -*-
"""
Created on Sat May 21 12:53:55 2022
三酷猫判断水果的好坏
@author: 三酷猫
"""
A1={'苹果':10,'雪花梨':20,'樱桃':30,'小西红柿':100,'猕猴桃':30}
```

```
A2={'橙子':40,'橘子':100,'柚子':200,'柠檬':80,'小金桔':90}
A3={'菠萝':12,'菠萝蜜':10,'芒果':30,'荔枝':200,'桂圆':300}
A4={'智利车厘子':300,'越南芒果':200,'菲律宾香蕉':150,'澳大利亚
葡萄':300,'泰国西瓜':200}
A5={'草莓':20,'甘蔗':1,'蓝莓':2,'柿子':30,'枇杷':21}
area=[A1,A2,A3,A4,A5]
a1=3
if a1==0 : #检查A国产水果区域
   CheckAara=area[0]
elif a1==1 :#检查B国产水果区域
   CheckAara=area[1]
elif a1==2 :#检查C国产水果区域
   CheckAara=area[2]
elif a1==3 :#检查D进口水果区域
   CheckAara=area[3]
   check1=0    #检查车厘子
   if check1==0 : #检查车厘子
       print('今天%s%d存放得很好，无坏掉问题！'%('智利车厘子',
CheckAara['智利车厘子']))
   else:
       print('其他都已经检查！')
else :      #检查E促销水果区域
   CheckAara=area[4]
```

上述代码执行结果如下：

```
今天智利车厘子300存放得很好，无坏掉问题！
```

4.2 循环 while

逻辑判断语句只能解决一次判断的问题，循环控制语句 while 可以解决重复处理的问题。

4.2.1 while 语句的使用

Python 语言提供了 while 语句，用于条件判断处理循环问题，其使用基本格式如下：

```
while 条件表达式 :
    代码块
```

条件表达式计算结果为True时，循环执行代码块；条件表达式计算结果为False时，while循环结束，进入到代码块下一条代码行。用while语句求1到10的累加，while语句使用示例如下：

代码文件：4_2_while.py

```
# -*- coding: utf-8 -*-
"""
Created on Sat May 21 16:17:50 2022
用while语句求1到10的累加
@author: 三酷猫
"""

i=1
add=0
while i<=10 :                               # 当i不大于10循环
    add+=i
    i=i+1                                   # 用i累加1，来控制循环次数
    print('第%d次循环累加和为%d'%(i-1,add))
                                            # 循环过程i、add变化输出①
print('1到10的累加和为%d'%(add))
```

上述代码执行结果如下：

```
第1次循环累加和为1
第2次循环累加和为3
第3次循环累加和为6
第4次循环累加和为10
第5次循环累加和为15
第6次循环累加和为21
第7次循环累加和为28
第8次循环累加和为36
第9次循环累加和为45
第10次循环累加和为55
1到10的累加和为55
```

说明

（1）通过 print( ) 打印实现循环过程中间结果的输出，这是理解复杂代码的一种调试技巧，有利于理解和判断所编写的代码是否符合要求。

（2）循环语句通过类似 i=i+1 语句进行循环控制，如果没有控制语句或条件表达式一直为 True，则运行循环代码时，将会进入死循环。这里可以用编辑器里的■按钮强制终止执行。

由于 while 语句在很短时间可以做大量的重复计算，它在速度上将远远超过人类大脑的计算和反应能力。面对成千上万的数据，while 语句可以进行快速循环处理，体现了编程处理的巨大威力，说它是“疯狂”的循环，非常形象。

4.2.2　[案例] 三酷猫打印九九乘法表

逻辑判断语句能嵌套处理，循环语句也具有类似功能。三酷猫学了 while 语句后，想利用它打印输出九九乘法表，让它的小宝宝——小花猫学习。用 while 双循环嵌套实现九九乘法表的输出，外循环控制竖向 9 行输出，内循环控制横向每个口诀公式的输出，其代码实现如下：

代码文件：4_2_99multi.py

```
# -*- coding: utf-8 -*-
"""
Created on Sat May 21 16:40:37 2022
九九乘法表
@author: 三酷猫
"""
```

```
i=1
j=1
while i<=9:                    # 控制竖向输出 9 行
    j=1                        # 内循环每循环一次，都是从 1 开始
    while j<=i :               # 控制横向输出 1 到 9 列
        print('%d×%d=%d '%(j,i,i*j),end='')
                               # end='' 表示不回行，连续同一行输出
        j+=1
    print()                    # 实现回行进入下一行的效果
    i+=1
```

上述代码执行结果如下：

```
1×1=1
1×2=2 2×2=4
1×3=3 2×3=6 3×3=9
1×4=4 2×4=8 3×4=12 4×4=16
1×5=5 2×5=10 3×5=15 4×5=20 5×5=25
1×6=6 2×6=12 3×6=18 4×6=24 5×6=30 6×6=36
1×7=7 2×7=14 3×7=21 4×7=28 5×7=35 6×7=42 7×7=49
1×8=8 2×8=16 3×8=24 4×8=32 5×8=40 6×8=48 7×8=56 8×8=64
1×9=9 2×9=18 3×9=27 4×9=36 5×9=45 6×9=54 7×9=63 8×9=72 9×9=81
```

上述代码通过 2 个 while 循环嵌套实现了九九乘法表的打印输出。在打印输出时，采用了一个小技巧，通过为 print( ) 函数的 end 参数提供 '' 值，实现打印连续同一行输出而不回行的效果；每行的最后通过第 2 个 print( ) 函数实现回行进入下一行的效果。

4.3 循环 for

Python 语言为循环提供了另外一种循环实现方式——for 语句，适合对字符串、列表、元组、字典、集合等可迭代对象的元素循环读取处理。

4.3.1　for使用

for语句的基本使用格式如下所示：

```
for <variable> in <sequence>:
    子代码模块1
```

变量variable通过in符号从sequence对象读取元素，for循环一次，读取一个，一直到sequence对象里的所有元素都读取完成，for循环结束。sequence对象可以是字符串、列表、元组、字典、集合、range( )函数等可迭代对象。

1. 字符串循环处理

用for语句循环读取字符串对象的每一个字符，示例如下：

```
>>for one in 'TomCat!':
    print(one)
```

代码执行结果如下：

```
T
o
m
C
a
t
!
```

2. 列表循环处理

用for语句循环读取列表对象的每个元素值，示例如下：

```
>>fruits=['苹果','梨','香蕉']
>>for getOne in fruits :
    print(getOne)
```

执行结果如下：

```
苹果
梨
香蕉
```

3. 元组循环处理

用 for 语句循环读取元组对象的每个元素值，示例如下：

```
>>Grades=(100,99,88)
>>for grade in Grades:
    print(grade)
```

执行结果如下：

```
100
99
88
```

4. 字典循环处理

通过 for 语句获取字典的所有的键，示例如下：

```
>>reports={'语文':95,'数学':100,'英语':99}
>>for one1 in reports:    #迭代获取字典元素对应的键
    print(one1)
```

执行结果如下：

```
语文
数学
英语
```

通过 for 语句获取键，并通过键获取对应的值，示例如下：

```
>>for one1 in reports:
    print(one1,reports[one1])   #通过键获取对应的值
```

执行结果如下：

```
语文 95
数学 100
英语 99
```

5. 集合循环处理

用 for 语句循环读取集合对象的每个元素值，示例如下：

```
>>cards={1,2,3,4,5}
>>for one in cards:
    print(one)
```

执行结果如下：

```
1
2
3
4
5
```

6. range( ) 函数循环处理

用 for 语句循环读取 range( ) 函数数字序列值，其中 range(x) 函数根据 x 参数值，给出从 0 到 x-1 的数字序列，示例如下：

```
>>for one in range(5):
    print(one)
```

执行结果如下：

```
0
1
2
3
4
```

4.3.2 [案例] 三酷猫统计水果数量

三酷猫水果店今天销售了20个香蕉、18个猕猴桃、12个西瓜、18个芒果，请用合适的存储对象记录水果的销售个数，并统计销售数量。在统计完销售数量后，有个顾客又买了2个西瓜，请按照描述步骤，进行数据记录，并统计不同阶段的销售数量。

代码文件：4_3_statFruits.py

```
# -*- coding: utf-8 -*-
"""
Created on Sat May 21 20:49:59 2022

@author: 三酷猫
"""
fruits={'香蕉':20,'猕猴桃':18,'西瓜':12,'芒果':18}
count=0                           #用于统计水果销售数量
for one in fruits:                #通过循环读取字典的键
    count+=fruits[one]            #通过键读取对应的值，并进行累加统计
print('第一次统计，销售了%d个水果'%(count))
fruits['西瓜']=fruits['西瓜']+2   #修改西瓜的销售数量
count=0
for one in fruits:
    count+=fruits[one]
print('第二次统计，销售了%d个水果'%(count))
```

上述代码执行结果如下：

```
第一次统计，销售了68个水果
第二次统计，销售了70个水果
```

4.4 循环需要控制

对于循环过程，因满足或不满足某些条件，终止循环或跳过一些不执行代码，或从头开始循环是可行的，这可以减少循环次数，提高代码执行

效率。

4.4.1　跳出循环

在循环过程，若已经满足某个条件了，则可以通过break语句跳出循环，以减少无效循环过程。

如想在水果字典里，通过 for 语句循环查找梨，找到梨后，就可以马上通过 break 语句终止循环，示例如下：

```
>>sales={'苹果':2939.4,'梨':238.2,'橘子':2382.8,'西瓜':
2383.9,'香蕉':382.1}
>>for one in sales:
    if one=='梨' :
        print('%s销售额为: %f'%(one,sales[one]))
        break
```

代码执行结果如下：

```
梨销售额为: 238.200000
```

由于梨所在的元素为第 2 个，所以只要循环 2 次，就可以找到梨所对应的销售额，然后通过 break 语句退出循环；而不使用 break 语句的情况，需要循环 5 次，其中 3 次是无效循环，进而增加了运行时间。

说明

实现对代码的高效率运行，是提高代码编写质量所面临的一个重要问题，也是区分编程人员水平高低的一个标志。读者朋友们在日常代码学习中，需要重视的一项技能。

4.4.2　从头循环

在循环过程，有些条件不符合的代码，可以不执行，以提高运行效率。Python 的 continue 语句，可以跳过无须执行的代码，重新回到 while 或 for

代码行运行。

用 for 语句循环加 if 语句判断 0 到 4 哪些是偶数，示例如下：

```
>>i=1
>>for one in range(5):
    if one%2==0:       # 若 one 与 2 相除的余数为 0，则 one 为偶数
        print('%d 是偶数 '%(one))
    else :
        continue      # 若 one 非偶数，则直接跳回 for 代码行继续执行
    i+=1
print(' 总共有 %d 个偶数 '%(i))
```

代码执行结果如下：

```
0 是偶数
2 是偶数
4 是偶数
总共有 3 个偶数
```

该循环通过 continue 省掉了 2 次执行 i+=1 的可能。在实际工作中很少用到 continue 语句，因为可以通过 if 语句判断跳过无须执行的代码。

4.5 [案例] 三酷猫销售排序：冒泡排序

冒泡排序是对无序的一组数据的元素进行两两比较，把大的放后面，小的放前面，每比较一轮实现一个最大数放到相对最后的过程，有点类似池塘里冒泡的过程，最终实现从小到大排序的过程。

三酷猫水果店的 5 名员工各自的销售金额为 [900,801.5,2000,1590.8,1200.7]，其按照冒泡思路，排序过程如图 4.1 所示。

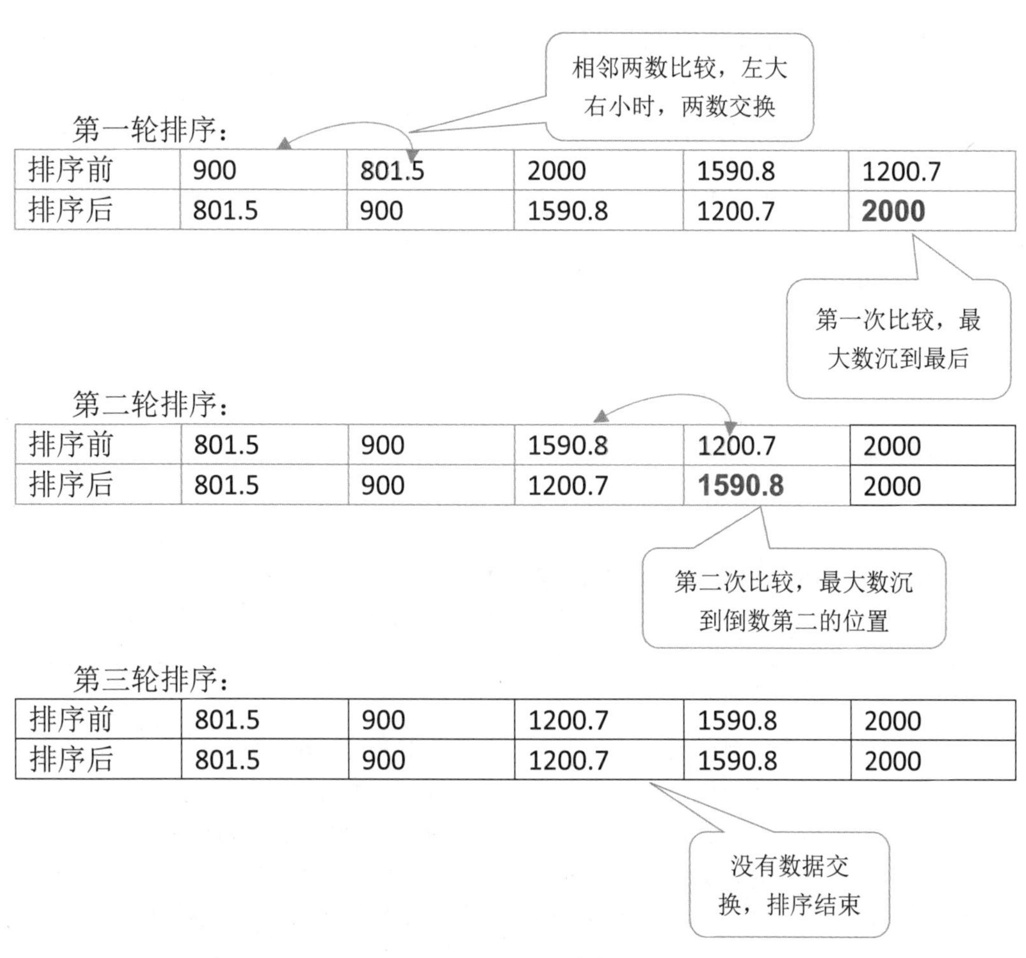

第一轮排序：

排序前	900	801.5	2000	1590.8	1200.7
排序后	801.5	900	1590.8	1200.7	**2000**

第二轮排序：

排序前	801.5	900	1590.8	1200.7	2000
排序后	801.5	900	1200.7	**1590.8**	2000

第三轮排序：

排序前	801.5	900	1200.7	1590.8	2000
排序后	801.5	900	1200.7	1590.8	2000

图4.1　冒泡排序

在图 4.1 中，第一轮把从左数的 5 个金额里最大的 2000 元排到了最后，第二轮把从左数的 4 个金额里最大的 1590.8 元排到了倒数第二的位置，第三轮开始没有数据交换位置，说明排序结束。

从图 4.1 所示冒泡排序过程，可以得出两个结论：第一，需要采用双重循环，外循环控制排序轮数，内循环控制每轮相邻两数比较过程；第二，当有一轮没有数据交换或比较到最后一轮（只需要比较最左边两个元素）时，则冒泡排序结束。

根据上述冒泡排序思路，代码实现如下：

代码文件：4_5_BubbleSort.py

```
# -*- coding: utf-8 -*-
"""
Created on Sun May 22 06:41:03 2022
冒泡排序
@author: 三酷猫
"""
Sales=[900,801.5,2000,1590.8,1200.7]
i=0

iLen=len(Sales)         # 列表元素个数
while i<iLen :          # 控制比较轮数（iLen）
    flag=False          # 是否数据交换标志，默认值为 False 表示没有移动
    j=1
    while j<iLen-i :                # 控制每轮比较次数
        if Sales[j-1]>Sales[j]:# 相邻两数比较
            Middle=Sales[j-1]   # 把左边大的放到临时变量上
            Sales[j-1]=Sales[j]# 把小的移动到左边大的位置
            Sales[j]=Middle     # 把大的移动到右边小的位置
            flag=True           #True 表示数据移动了
        j+=1                    # 比较一次，往后移动 1 位
    if not flag :
        break                   # 没有数据交换，排序结束
    i+=1                        # 外循环进入下一轮比较的控制增加 1
print('冒泡排序结果：',Sales)
```

代码执行结果如下：

```
冒泡排序结果： [801.5, 900, 1200.7, 1590.8, 2000]
```

4.6　练习和实验

练习

1．填空题

（1）逻辑判断用（　　）语句来实现。

（2）循环控制用（　　）语句或（　　）语句来实现。

（3）循环过程可以通过（　　）语句或（　　）语句做循环跳转。

（4）逻辑判断语句只解决了一步判断的问题，循环控制语句 while 可以解决（　　）处理的问题。

（5）for 语句，适合对字符串、（　　）、元组、字典、集合等可迭代对象的元素循环读取处理。

2．判断题

（1）几乎所有的高级编程语言都提供了逻辑判断语句和循环判断语句。（　　）

（2）逻辑判断 if 语句支持单分支、二分支、多分支判断。（　　）

（3）if、while、for 语句都能嵌套使用，并可以混合嵌套。（　　）

（4）if none、if 0、if False 都是不满足条件，if 下的代码模块就不会被执行。（　　）

（5）for 语句不支持对函数的元素读取。（　　）

（6）用 break 语句一定可以节省代码运行时间。（　　）

1．实验一

求两个正整数的最大公约数、最小公倍数：

（1）可以求任意两个正整数的最大公约数、最小公倍数；

（2）要求采用不同 3 对整数，分别测试并打印输出；

（3）把代码保存为 OddEvenCode.py 文件。

2．实验二

继续改进 4.5 节的冒泡排序方法：

（1）要求统计冒泡排序的排序次数；

（2）要求输出每轮排序的数据交换过程。

第五章 函数魔盒

到目前为止，读者其实已经接触了大量的函数，如 print( )、len( )、id( )、range( )、sum( )、del( ) 等，而且它们都是自带函数，无须了解它们内部的功能是如何实现的。更让人开心的是，这些函数可以用于任何 Python 编写的软件之中，给全世界的程序员节省了大量的开发时间。这些函数简直跟魔盒一样，提供了各种各样的处理功能。

本章继续深入学习 Python 自带函数、第三方函数和自定义函数，使读者的编程能力得到进一步大幅提升。

5.1 自带函数

Python 自带函数分为两类：一类是可以直接调用的函数，如 print( )、del( )；一类通过自带函数库调用。

5.1.1 自带内置函数

通过查看 Python 的使用文档（Document），可以在“The Python Standard Library”下的“Built-in Functions”里发现所有自带函数的清单，

目前有 71 个[①]。这里选择一些常用的自带函数进行介绍。

1. 数学类函数

Python 常用的数学类函数如表 5.1 所示。

表 5.1　数学类函数

序号	函数名	使用示例	说明
1	abs( )	>>abs(−10) 10	求绝对值
2	complex( )	complex(10,2) (10+2j)	创建一个复数
3	divmod( )	divmod(100,3) (33, 1)	分别求商和余数
4	int( )	>>int(15.22) 15 >>int('A',base=16) 10	强制将数的类型转换为整型，当 base 被指定为 2、8、10、16 时，分别代表二进制、八进制、十进制、十六进制
5	pow( )	>>pow(2,2) 4 >>pow(4,0.5) 2.0	求 x 的 n 次幂（含求根）
6	range( )	>>for one in range(2,8): print(one,end='') 234567 >>for one in range(2,8,2): print(one,end='') 246	产生一个指定范围的整数序列，若指定第三个参数步长，则返回步长间隔的整数序列。 此示例步长指定为 2
7	round( )	>>round(1.555,2) 1.55 >>round(1.67,1) 1.7 >>round(1.67) 2	四舍五入，若指定第二个参数 n，则四舍五入保留 n 位小数
8	sum( )	>>grades=[100,99,98] sum(grades) 297	求元素的值为数值型的可迭代集合的和
9	max( )	>>data=[98,20,10,40] >>max(data) 98	求元素为数字型的可迭代集合里的最大元素
10	min( )	>>data=[98,20,10,40] >>min(data) 10	求元素为数字型的可迭代集合里的最小元素

① 官网上最新自带内置函数清单请见https://docs.python.org/3/library/functions.html。

2. 集合类函数

表 5.2 所示的为常用集合类函数。

表 5.2　集合类函数

序号	函数名	使用示例	说明
1	all( )	>>all([38,True,31,9]) True >>all([38,False,33,22]) False	集合中的所有元素为真时，返回 True；至少有一个元素为假时，返回 False
2	len( )	len([8,23.2,1]) 3	获取集合的长度（元素个数）

3. 其他函数

表 5.3 所示的为常用的其他函数。

表 5.3　其他函数

序号	函数名	使用示例	说明
1	chr( )	>>chr(49) '1' >>chr(65) : 'A' >>chr(97) : 'a'	十进制整数转为字符 十进制整数与字符的转换规律可以查询“ASCII 码表” 数字与字符的转换为文字处理、加密等，提供了方便
2	id( )	>>show='ABC' id(show) 14542176	获取变量在内存里的唯一地址
3	input( )	>>gets=input('请输入：') 请输入：100 >>gets '100'	键盘输入
4	print( )	>>print('ABC')	打印输出
5	help( )	>>help(abs) Help on built-in function abs in module builtins: abs(x,/) 　　Return the absolute value of the argument.	Python 函数、语句、关键字等使用帮助函数
6	type( )	>>d=[] >>type(d) list	返回对象的类型

5.1.2 自带函数——库函数

自带函数——库函数是Python安装后就可以调用的另外一大类函数，使用时先需要通过import导入函数库模块名称，然后用“模块名称.函数名”调用。

1. datetime 模块

自带的datetime模块提供各种格式的日期、时间、日期时间格式的函数，如图5.1所示，可以在脚本代码编辑区里，导入datetime，输入“.”后稍等片刻就自动跳出其所有的函数列表。

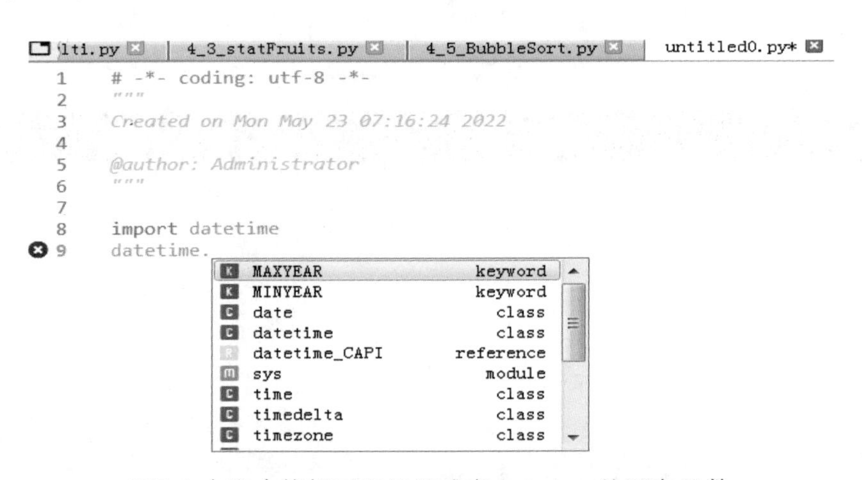

图5.1 在脚本编辑区里智能感应datetime的所有函数

用datetime模块获取计算机当前时间，使用举例如下：

```
>>import datetime              # 导入 datetime 模块
>>nowtime=datetime.datetime.now()
                               # 执行 datetime.now() 下的 now() 函数
>>nowtime                      # 执行结果显示
datetime.datetime(2022, 5, 23, 9, 11, 11, 568400)me(2022,
 5, 23, 9, 10, 16, 523400)
>>nowtime.year                              # 显示年值
2022
>>nowtime.month                             # 显示月值
5
```

```
>>nowtime.day                          # 显示日值
23
>>nowtime.hour                         # 显示小时值
9
>>nowtime.minute                       # 显示分钟值
11
>>nowtime.second                       # 显示秒值
11
>>nowtime.microsecond                  # 显示毫秒值
568400
```

从上述代码可以知道 now( ) 获取了当前计算机的年、月、日、小时、分钟、秒、毫秒的数值。

2. math 模块

自带的 math 模块是数学函数模块，如图 5.2 所示，它包括三角函数、反三角函数、对数、取整函数、e 常量等。

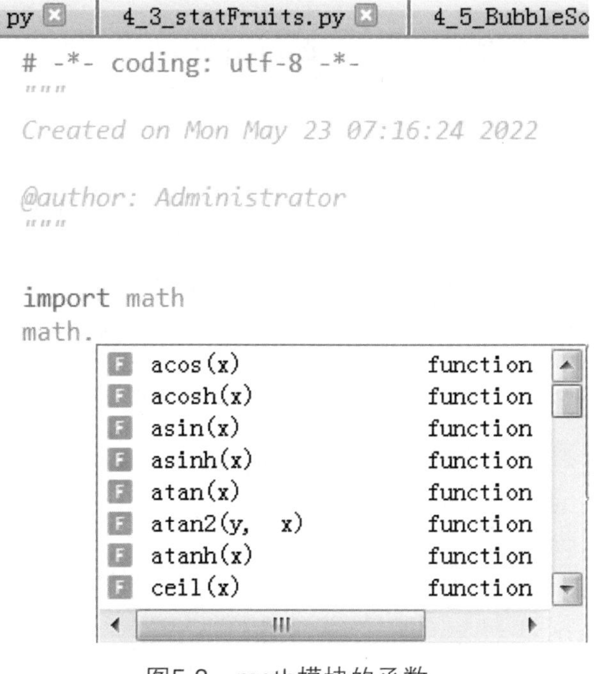

图5.2　math模块的函数

math 模块的部分函数使用举例如下：

```
>>import math
>>math.pi                      # 获取常量 π 值
3.141592653589793
>>math.degrees(math.pi/2) # 用 degrees() 函数，给弧度参数值，求角度
90.0
>>math.cos(math.pi)            # 求 cos() 的 180 度的值
 -1.0
>>math.ceil(3.2)     # 用 ceil() 取给定参数值不小于浮点数的最小整数
4
>>math.e                       # 获取常量 e 值
2.718281828459045
>>math.log(math.e)             # 用 log() 求 e 底的对数值
1.0
>>math.sqrt(4)                 # 用 sqrt() 求平方根
2.0
```

3. random 模块

随机数 random 模块为数据分析、游戏模拟、人工智能数据模拟等提供了方便。该模块含有不同特点的随机函数，这里选择本书后续需要用到的几个常用随机函数进行代码示例。

```
>>random.randint(1,10)         # 在指定整数范围随机返回一个值
6
>>random.random()              # 随机生成范围为 0.0<=x<1.0 的一个浮点数
0.5899575648307536
>>random.sample([1,2,3,4,5,6,7,8,9,10],3)
                               # 从给定的数集里抽取指定数量的样本
[6, 2, 8]
>>random.gauss(3,7)            # 生成指定范围的一个高斯分布值
5.812168638645936
>>random.choice((100,200,300,400,500))
                               # 从各类型序列对象里随机返回一个元素
300
```

5.2　自定义函数

Python 提供了大量的自带函数，可以快速解决问题，而无须知道函数内部是怎么实现的，这种感觉很棒！但是，人们的需求是无限的，有时程序员需要自己编写函数，方便代码的有效使用。

5.2.1　基本自定义函数

Python 下的自定义函数基本使用格式如下：

```
def 函数名([参数]):
    函数体
[return 返回值]
```

用关键字 def 表示自定义函数的开始，其后空一格紧跟自定义函数名，函数名右边小括号内用于参数设置，参数用于把外部的值传入函数体内，中括号表示允许有些自定义函数没有参数。

“函数体”就是实现函数功能的代码，是函数魔盒功能的关键所在！

函数最后用关键字 return 返回“返回值”，由于是中括号，返回值可以没有。

注意

自定义函数名不能与 Python 自带函数名发生冲突。如不能命名为 del，否则调用时报错！

1. 无参数函数定义

三酷猫想在水果店打烊后，在门口的电子屏上固定输出如下内容：

“本店已经打烊，服务时间早上 8 点到晚上 10 点”

“水果迷人，欢迎光临！联系电话 88888888。”

于是三酷猫决定自定义一个打烊函数，方便每天调用。

代码文件：5_2_1_closingTime.py

```
# -*- coding: utf-8 -*-
"""
Created on Mon May 23 07:16:24 2022
    水果店打烊词
@author: 三酷猫
"""
def closing_time():
    print('本店已经打烊，服务时间早上 8 点到晚上 10 点')
    print('水果迷人，欢迎光临！联系电话 88888888。')

closing_time()        # 调用自定义函数
```

上述代码执行结果如下：

```
本店已经打烊，服务时间早上 8 点到晚上 10 点
水果迷人，欢迎光临！联系电话 88888888。
```

自定义函数的优点，一旦一个功能函数的自定义完成之后，就可以被任何人调用，无须重复编写同样功能的代码。

2. 有参数函数的定义

但是，上述自定义函数很死板，一旦打烊词需要调整，就需要从自定义函数内部代码处进行调整，这对像加菲猫这样的销售员来说，是不可能完成的任务！因为她不会编程。于是三酷猫决定给自定义函数增加参数，让打烊词通过参数传递到自定义函数内部。

代码文件：5_2_1_closingTime1.py

```
# -*- coding: utf-8 -*-
"""
```

```
Created on Mon May 23 07:16:24 2022
    水果店打烊词
@author: 三酷猫
"""
def closing_time(one,two): # 自定义打烊词函数
    print(one)
    print(two)
#------------------------ 调用自定义函数
FirstWord='本店已经打烊，服务时间早上 9 点到晚上 9 点'
SecondWord='水果迷人，欢迎光临！联系电话 66666666'
closing_time(FirstWord,SecondWord)       # 调用自定义函数
```

上述代码执行结果如下：

```
本店已经打烊，服务时间早上 9 点到晚上 9 点
水果迷人，欢迎光临！联系电话 66666666
```

3. 有返回值函数定义

有参数的自定义函数解决了外面值传入函数内部处理的问题，但是处理结果是否正常，希望自定义函数能返回一个值给调用处，以方便调用部分的代码确认。

代码文件：5_2_1_closingTime2.py

```
# -*- coding: utf-8 -*-
"""
Created on Mon May 23 07:16:24 2022
    水果店打烊词
@author: 三酷猫
"""
def closing_time(one,two):                # 自定义打烊词函数
    print(one)
    print(two)
    return True                           # 返回一个值 True 给调用处代码
#------------------------ 调用自定义函数
FirstWord='本店已经打烊，服务时间早上 9 点到晚上 9 点'
SecondWord='水果迷人，欢迎光临！联系电话 66666666'
flag=closing_time(FirstWord,SecondWord)  # 调用自定义函数，并获取返回值
```

```
    if flag :
        print('自定义函数调用成功！')
```

上述代码执行结果如下：

```
本店已经打烊，服务时间早上 9 点到晚上 9 点
水果迷人，欢迎光临！联系电话 66666666
自定义函数调用成功！
```

自此，自定义函数实现了外部数据的传入，内部数据的传出，函数变得越来越灵活。

5.2.2 [案例] 三酷猫自定义求因数函数

在数学里学过对一个正整数求其所有因数的问题，即指定的正整数能被其他正整数整除的所有数。三酷猫决定用自定义函数，自动求解，其实现过程如下：

代码文件：5_2_2_factor.py

```
# -*- coding: utf-8 -*-
"""
Created on Mon May 23 13:14:17 2022
求一个正整数的所有因数
@author: 三酷猫
"""
def factor(num):
    if num<1:        # 适用性强的函数，必须考虑各种潜在的问题
        print('输入数字不能小于 1')
        return '' # return 语句除了返回值外，还具有终止函数执行的功能
    i=1
    gets=[]          # 存放求出来的因数
    max1=num//2      # 求因数循环控制在一半，超过部分无须再判断
    while i<=max1:
        if num%i==0 :        # 余数为 0，则其是因数
            gets.append(i)
        i+=1
    gets.append(num)        # 数本身也是其一个因数
```

```
    return gets

getall=factor(10)
print('10的所有因数为：',getall)
getall=factor(9)
print('9的所有因数为：',getall)
```

上述代码执行结果如下：

```
10的所有因数为： [1, 2, 5, 10]
9的所有因数为： [1, 3, 9]
```

5.2.3 函数参数的深入应用

自定义函数也可以直接传递元组、列表、字典、集合等。

1. 传递元组或列表或集合

代码文件：5_2_3_sum.py

```
# -*- coding: utf-8 -*-
"""
Created on Mon May 23 15:23:56 2022
    求和自定义函数，实现不同类型的参数传递
@author: 三酷猫
"""
def sum1(set1):
    add=0
    for one in set1:
        add+=one
    return add

num=[10,20,30]
result=sum1(num)                # 传递列表对象
print('列表对象元素和为',result)
result=sum1((1,2,3))                # 传递元组对象
print('元组对象元素和为',result)
result=sum1({1,2,3})                # 传递集合对象
print('集合对象元素和为',result)
```

上述代码执行结果如下：

```
列表对象元素和为 60
元组对象元素和为 6
集合对象元素和为 6
```

2. 传递字典

用自定义函数求字典键对应的值的和，示例如下：

代码文件：5_2_3_sum1.py

```
# -*- coding: utf-8 -*-
"""
Created on Mon May 23 15:23:56 2022
    字典键对应的值求和自定义函数
@author: 三酷猫
"""
def sum1(set1):
    add=0
    for one in set1:
        add+=set1[one]
    return add

num={'苹果':8.5,'李子':3.5,'桃子':3}
result=sum1(num)                         # 传递字典对象
print('字典对象键对应的值求和为',result)
```

上述代码执行结果如下：

```
字典对象键对应的值求和为 15.0
```

3. 传递列表、字典后，元素变化的问题

由于列表、字典元素可修改，那么需要了解从外面传入函数后，它们在函数内被修改的元素值，则传入前后列表、字典的值是否一致，需要进行验证。

把外部的列表、字典通过自定义函数参数传入，并在函数体里修改传入对象的值，查看传入前后的值是否同步变化。示例如下：

代码文件：5_2_3_EditDectAndList.py

```
# -*- coding: utf-8 -*-
"""
Created on Mon May 23 15:47:01 2022

@author: 三酷猫
"""
def EditListAndDect(List1,Dect1):
    List1[0]+=10
    Dect1['one']+=10
    print('函数内列表变化情况：',List1)
    print('函数内字典变化情况：',Dect1)
List1=[10,20,30]
Dect1={'one':10,'two':20,'Three':30}
EditListAndDect(List1, Dect1) #调用自定义函数
print('==========================================')
print('函数外列表变化情况：',List1)
print('函数外字典变化情况：',Dect1)
```

上述代码执行结果如下：

```
函数内列表变化情况：  [20, 20, 30]
函数内字典变化情况：  {'one': 20, 'two': 20, 'Three': 30}
========================================
函数外列表变化情况：  [20, 20, 30]
函数外字典变化情况：  {'one': 20, 'two': 20, 'Three': 30}
```

从执行结果对比可以看出，函数内列表、字典元素的变化，会影响到函数外列表、字典元素。也就是传递的列表、字典其实传递的是内存地址，在唯一内存地址中修改了其对应的元素，则函数内外的列表、字典元素会同步变化。

5.2.4　把函数放到模块里

自此我们已经自定义编写了好几个函数，为了更广范围使用这些函数，可以把它们统一存放到一个代码模块里，方便代码模块的分发和使用。

调用代码模块里自定义函数实现过程，这里有建立自定义函数代码文件、调用函数的主程序代码文件两个步骤。

1. 建立自定义函数代码文件

把前面几节所学的自定义函数 EditListAndDect( )、sum1( )、factor( ) 源代码存放到同一个代码模块里，如下所示：

代码文件：selfModule.py

```
# -*- coding: utf-8 -*-
"""
Created on Mon May 23 16:40:53 2022
自定义函数统一存放代码模块
@author: 三酷猫
"""
def EditListAndDect(List1,Dect1): # 验证列表、字典元素变化函数
    List1[0]+=10
    Dect1['one']+=10
    print('函数内列表变化情况：',List1)
    print('函数内字典变化情况：',Dect1)

def sum1(set1):                         # 求和函数
    add=0
    for one in set1:
        add+=one
    return add

def factor(num):                        # 求正整数的所有因数
    if num<1:
        print('输入数字不能小于1')
        return ''
    i=1
    gets=[]                  # 存放求出来的因数
    max1=num//2              # 求因素循环控制在一半，超过部分无须再判断
    while i<=max1:
        if num%i==0 :        # 余数为0，则是因数
            gets.append(i)
        i+=1
    gets.append(num)         # 数本身也是其一个因数
```

```
    return gets
```

自定义函数存放的代码模块名称不能用数字开头，否则在后续导入调用时，将出错。

2. 调用函数的主程序代码文件

在与 selfModule.py 文件相同的路径下，创建调用函数的主程序代码文件。用 from selfModule import * 导入自定义函数代码模块里的所有函数——这里“*”代表代码模块里的所有函数，from selfModule 表示从该模块导入，示例如下：

代码文件：5_2_4_CallModule.py

```
# -*- coding: utf-8 -*-
"""
Created on Mon May 23 16:50:53 2022

@author: 三酷猫
"""
from selfModule import *# 从 selfModule 代码模块导入所有自定义函数
num=10
print('数 %d 的所有因数为: '%(num),factor(num))
age={20,30,40}
print('年龄和为: ',sum1(age))
```

调用执行结果如下：

```
Reloaded modules: selfModule
数 10 的所有因数为: [1, 2, 5, 10]
年龄和为: 90
```

这说明自定义函数存放到代码模块，并调用成功！读者可以把

selfModule.py 分发到任何需要这些函数的软件项目中。

5.2.5 匿名函数

所谓的匿名函数，就是没有函数名的、只有一行处理代码功能的一种特殊函数，在部分代码里偶尔会出现。匿名函数的使用格式如下：

```
lambda[para1,para2,…]:expression
```

匿名函数用关键字 lambda 开始，可选参数 para1，para2，…为冒号后面的表达式 expression 提供参数值，其使用举例如下：

```
>>math1=lambda x,y:x**y                 # 定义匿名函数
>>math1(2,3)                            # 使用匿名函数
8
>>new=lambda x:x if x%2==0 else 2*x     # 不是偶数的乘 2，偶数的保留
>>for one in range(5):
    print(new(one))
0
2
2
6
4
```

5.2.6 递归函数

递归函数（Recursive Function），利用函数自己调用自己的过程，解决一类需要重复处理问题的一种代码算法。理论上所有的循环操作都可以通过递归函数来实现。

1. 求 1 到 5 累加和的递归

求 1 到 5 累加和，通过递归函数来实现，其代码如下：

代码文件：5_2_6_Recursion.py

```
# -*- coding: utf-8 -*-
"""
Created on Mon May 23 19:30:14 2022
用递归方法求 1 到 5 的累加和
@author: 三酷猫
"""
def Add1(x):
    if x==1:          # 当 x 缩小到 1 时，在内存里开辟的地址过程返回值
        return x
    return x+Add1(x-1) # 递归某一个过程，相邻两个数相乘

print('输出 1 到 5 的累加和 %d'%(Add1(5)))
```

上述代码执行结果如下：

```
输出 1 到 5 的累加和 15
```

2. 递归原理说明

以上例求1到5的累加和为例，其在内存里一步步开辟临时存储过程，记录每次递归调用过程；最后满足递归返回条件 x==1 时，通过 return 往回返回值，其过程如图 5.3 所示。

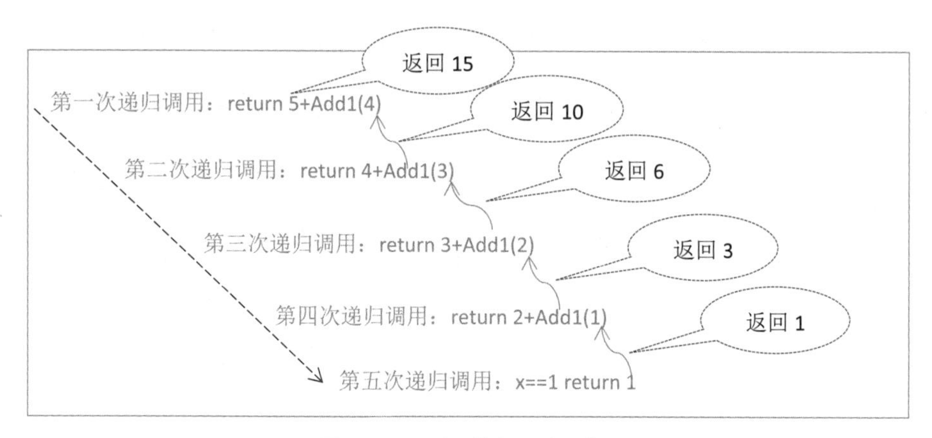

图5.3　1到5递归累加过程

从图 5.3 可以看出，递归算法分两个步骤实现。

第一步骤，递归调用自己，并在内存依次开辟每个调用的临时存储空间，用于记录每次递归调用的过程状态；图 5.3 体现为左边从上到下，一步步开辟存储空间。

第二步骤，递归返回值，图 5.3 体现为右边从下往上的一个个气泡里的数值。如最右下角的 1 返回到第四次递归调用的 Add1(1) 处，则得到 2+1=3 后继续往上返回。

注意

递归过程，需要在内存临时开辟内存空间，用于记录过程状态，当递归次数变大时，很容易消耗大量的内存空间，引起内存空间不足等问题，所以递归次数需要合理控制。

5.3 第三方库函数

对开源的 Python 而言，全世界的科学家和工程师，都在为它免费提供大量的第三方函数库。以本书安装的 Anaconda 开发包为例，其提供了 1500 多类科学计算库（包），涉及科学计算、大数据处理、人工智能处理等一大堆让人眼花缭乱的函数功能。这些功能是软件工程师、高校老师，甚至是世界级别科学家在用的功能。接下来让我们尝试了解其中的很小一部分函数库，如 numpy、scipy、scikit-learn、matplotlib, 看看外面的世界有多精彩。

5.3.1 numpy 库

numpy（Numerical Python 的简称）库是建立在 Python 语言基础上的以数组（Array）为核心的科学计算库，是 Python 技术体系下公认的科学

计算基础包，为数据分析、科学计算、机器学习提供了数据基础处理功能。

numpy 主要借助多维数组和数组相关的函数，实现对各种数据的复杂处理和计算，是从事数据分析、科学研究和机器学习工程师、科学家必须掌握的入门级工具。

在 Anaconda 开发包里自带 numpy 库，所以可以通过导入 numpy 库对其直接使用。在 Spyder 的交互式方式下查看 numpy 自带的函数，如图 5.4 所示。

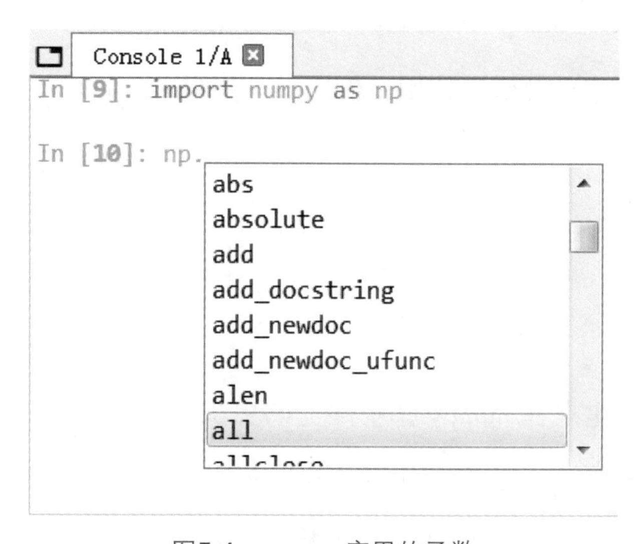

图5.4　numpy库里的函数

说明

在 Spyder 的交互方式下，通过输入 numpy. 然后按键盘里的“Tab”键，稍等片刻，就会跳出如图 5.4 所示的函数查询子窗体。

（1）numpy 自带函数使用示例一：求绝对值。

```
>>import numpy as np
                    # 导入 numpy 库，为了方便输入，通过 as 为其起的别名为 np
>>WaterLine=[-10,-20,-15] # 元素为负数的列表
```

```
>>np.abs(WaterLine)      # 用 numpy 自带的 abs() 函数求列表里所有元素
array([10, 20, 15])      # 结果列表里所有的元素都变成正数
>>abs(WaterLine) # 用 Python 自带的 abs() 试图求列表元素绝对值，报错
Traceback (most recent call last):

  File "<ipython-input-13-25e7fc937d01>", line 1, in <module>
    abs(WaterLine)

TypeError: bad operand type for abs(): 'list'
```

通过对 numpy 库自带的 abs( ) 函数与 Python 自带的 abs( ) 函数进行功能比较，可以发现 numpy 库的 abs( ) 函数功能更加强大。

（2）numpy 自带函数使用示例二：求根号。

```
>>np.sqrt([4,9,16,25,36,49,64,81])   # 求列表所有元素的根号
array([2., 3., 4., 5., 6., 7., 8., 9.])
```

5.3.2 scipy 库

scipy 库是建立在 numpy 库基础上的更加专业的、基于科学计算和工程计算的科学计算包，是高级工程人员和科学家关注的重点。

scipy 库的 special 模块从名称上指向特殊数学函数，是相对于 numpy 库的现有函数而言的，是对 numpy 库函数内容的大幅扩展。

到写本书之时为止，special 模块下的特殊函数分类包括：错误处理（Error Handling）、艾里函数（Airy Functions）、椭圆函数和积分（Elliptic Functions and Integrals）、贝塞尔函数（Bessel Functions）、斯特鲁维函数（Struve Functions）、原始统计函数（Raw Statistical Functions）、信息论函数（Information Theory Functions）、伽马及相关函数（Gamma and Related Functions）、误差函数和菲涅耳积分（Error Function and Fresnel Integrals）、勒让德函数（Legendre Functions）、椭球谐波（Ellipsoidal Harmonics）、正交多项式（Orthogonal Polynomials）、超几

何函数（Hypergeometric Functions）、抛物柱形函数（Parabolic Cylinder Functions）、马蒂厄及相关函数（Mathieu and Related Functions）、球状波函数（Spheroidal Wave Functions）、开尔文函数（Kelvin Functions）、组合学（Combinatorics）、Lambert W 及相关函数（Lambert W and Related Functions）、便利函数（Convenience Functions）、其他特殊函数（Other Special Functions）。

在 Anaconda 开发包里自带 scipy 库，所以可以通过导入该库对其直接使用。在 Spyder 的交互式方式下查看 scipy 库自带的函数，如图 5.5 所示。

```
Console 1/A
In [16]: import scipy as sp

In [17]: sp.
          loadtxt
          log
          log10
          log1p
          log2
          logaddexp
          logaddexp2
          logical_and
          logical_not
```

图5.5 scipy库里自带的函数

（1）scipy 库自带函数使用示例一：求以 10 为底的对数。

scipy2.0 开始，移掉 log10，用 numpy.lib.scimath.log10 替代

```
>>import scipy as sp        # 导入 scipy 库
>>sp.log10(100)
<ipython-input-17-7492ccf3f150>:1: DeprecationWarning:
 scipy.log10 is deprecated and will be removed in scipy
 2.0.0, use numpy.lib.scimath.log10 instead
  sp.log10(100)
2.0                         # 结果为以 10 为底 100 的对数是 2.0
```

（2）scipy 库自带函数使用示例二：求统计数据的平均值。

```
>>sp.mean([10,30,20])
20.0
```

5.3.3 pandas 库

pandas 库是基于 numpy 和 scipy 库基础上的专业数据分析工具，是数据分析工程师重点关注的对象。该书主要提供了基于二维表格的各种数据处理分析功能，其功能远远超过了 Excel 表、SQL 数据表等的处理能力，把数据处理能力用到了极致。

在 Anaconda 开发包里自带 pandas 库，可以通过导入该库对其直接使用。在 Spyder 的交互式方式下查看 pandas 库自带的函数，如图 5.6 所示。

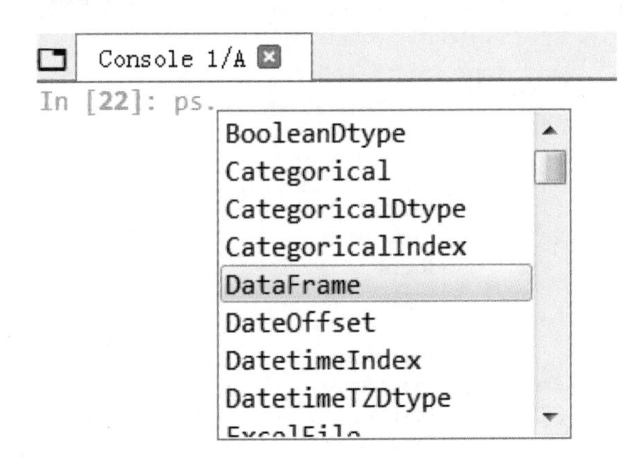

图5.6　pandas库自带函数

（1)）DataFrame 自带函数使用示例一：创建一个带序列的一维表。

```
>>import pandas as ps                           # 导入 pandas 库
>>data1=ps.Series(['姓名','年龄','学历'])
>>data1
0    姓名
1    年龄
2    学历
dtype: object
```

（2）DataFrame 自带函数使用示例二：创建一个带序列的二维表。

```
>>import pandas as ps
>>data=ps.DataFrame([[100,70],[80,90]],columns=['数学','语文'])
data
```

```
      数学  语文
0   100   70
1    80   90
```

5.3.4　scikit-learn 库

scikit-learn 库，是机器学习的入门和主流开发工具，其在 numpy、scipy、pandas 库的基础上，实现对数据的“学习”，并产生人们预期的智能输出结果。scikit-learn 库主要功能分为六大部分：分类、回归、聚类、降维、模型选择、数据预处理。

在 Anaconda 开发包里自带 scikit-learn 库，所以可以通过导入该库对其直接使用。在 Spyder 的脚本文件里使用 scikit-learn 自带的 load_iris( ) 函数，读取鸢尾花的属性值和分类标签，代码示例如下：

代码文件：5_3_4_scikit-learn.py

```
# -*- coding: utf-8 -*-
"""
Created on Tue May 24 19:30:32 2022
用 scikit-learn 库读取鸢尾花的属性值和分类标签
@author: 三酷猫
"""

from sklearn.datasets import load_iris  # 导入鸢尾花数据加载函数
iris_data=load_iris()       # 用 load_iris() 函数加载数据
data_x=iris_data.data       # 鸢尾花属性数据
data_y=iris_data.target     # 标签值（0,1,2），表示三个品种的鸢尾花
print(data_x[0])            # 第一朵鸢尾花的属性值
print(data_y[100])
```

上述代码执行结果如下：

```
[5.1 3.5 1.4 0.2]    # 萼片长度、萼片宽度、花瓣长度、花瓣宽度
2                    # 标签值，第三个品种鸢尾花的分类
```

5.3.5 matplotlib 库

matplotlib 库，实现数据的二维、三维静态、动态可视化，使数据分析、科学计算、机器学习结果更加直观。

在 Anaconda 开发包里自带 matplotlib 库，所以可以通过导入该库对其直接使用。在 Spyder 里用脚本方式使用 matplotlib 自带的 Ellipse( ) 函数绘制椭圆、Circle( ) 函数绘制圆形，代码示例如下：

代码文件：5_3_5_plot.py

```
# -*- coding: utf-8 -*-
"""
Created on Tue May 24 21:32:49 2022
    用函数绘制椭圆、圆
@author: 三酷猫
"""
import matplotlib.pyplot as plt # 导入 matlotlib 库里的 pyplot 模块
from matplotlib.patches import Ellipse, Circle
# 绘制椭圆、圆的函数只能在 patches 模块中获取
fig=plt.figure()                        # 提供一个独立的绘图界面（画板）
axes=fig.add_subplot(1,1,1)             # 在画板里提供一个绘图子区域
E1=Ellipse(xy = (0.7,0.7), width =0.5, height =0.2, angle =
 30.0, facecolor= 'blue', alpha=0.9) # 椭圆
C1=Circle(xy = (0.3, 0.3), radius=.2, alpha=0.5) # 绘制一个圆
axes.add_patch(E1)                      # 把绘制的图形加载到绘制区域
axes.add_patch(C1)                      # 把绘制的图形加载到绘制区域
plt.show()                              # 显示绘制图形结果
```

上述代码执行结果如图 5.7 所示，在一个区域里绘制了圆和椭圆两个图形。

matplotlib 绘图的过程是先提供一个独立的绘图界面，如图 5.7 所示，其最上面显示界面标题“Figure1”，用 plt.figure( ) 来实现；该绘图界面下面的白色区域主体是绘图区域，可以通过 add_subplot( ) 在绘图区域上确定子绘图区域。如 add_subplot(1,1,1) 表示绘图区域只有一个子绘图区域，add_subplot(2,2,1) 表示绘图区域划分为 4（2×2）个子绘图区域，并在左上

角的第一个区域显示；add_subplot(2,2,2) 表示在 4 个区域里的右上角显示，add_subplot(2,2,3) 表示在 4 个区域里的左下角显示，add_subplot(2,2,4) 表示在 4 个区域里的右下角显示；add_subplot(3,2,1) 表示把绘图区域分为 3 行 2 列 6 个子区域，在左上角的第一个区域显示，依次类推。

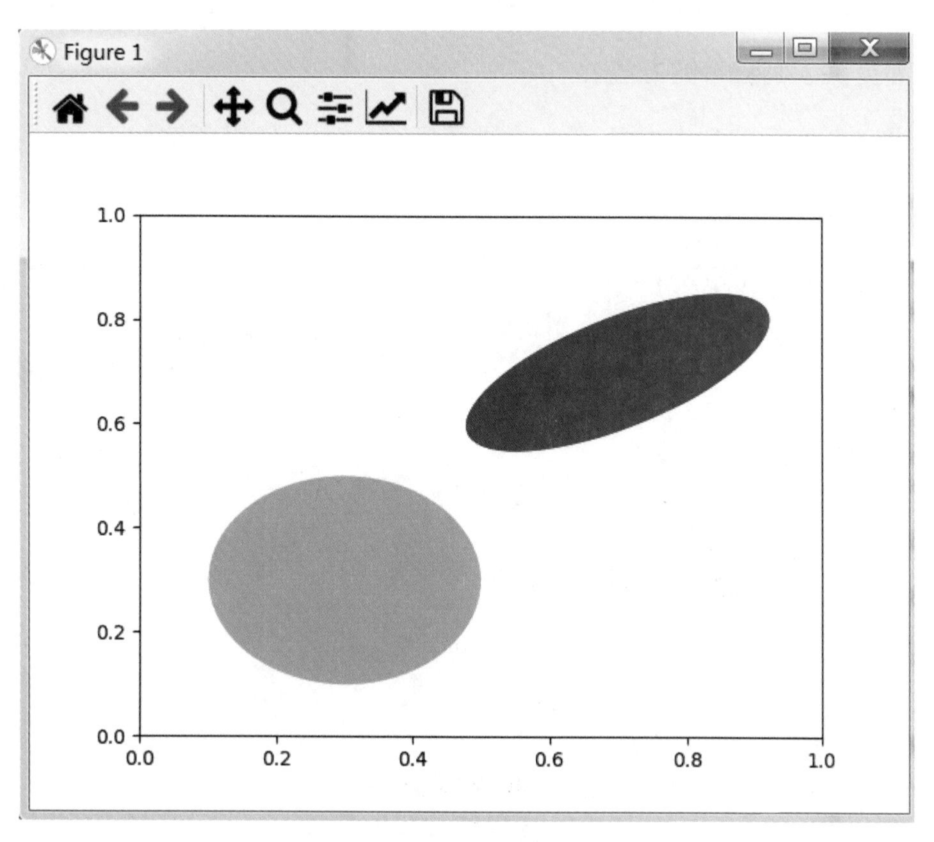

图5.7 用函数绘制圆、椭圆

注意

Spyder 默认安装情况下，无法正常显示 matplotlib 库绘制的图形，需要做如下设置：在菜单里选择 Tools->preferences->IPython Consle->Graphics，在 Backend 下拉框里选择 Automatic 项，点击“OK”按钮完成设置，然后重启 Spyder 即可。

5.4 对象里的方法

Python 里的函数，除了 Python 自带函数、第三方库函数外，还有一类称为方法，其实也是由函数来实现的，如字符串、列表、字典、集合等对象都提供了其自带的方法。

图 5.8 所示的列表对象 num 自带了很多方法，代码示例如下：

```
>>num=[100,50,20]
>>num.count(100)              # 用 count 方法统计指定 100 在列表里的数量
1
>>num.clear()                 # 用 clear 方法清除列表里的所有元素
>>len(num)
0
>>num
[]
```

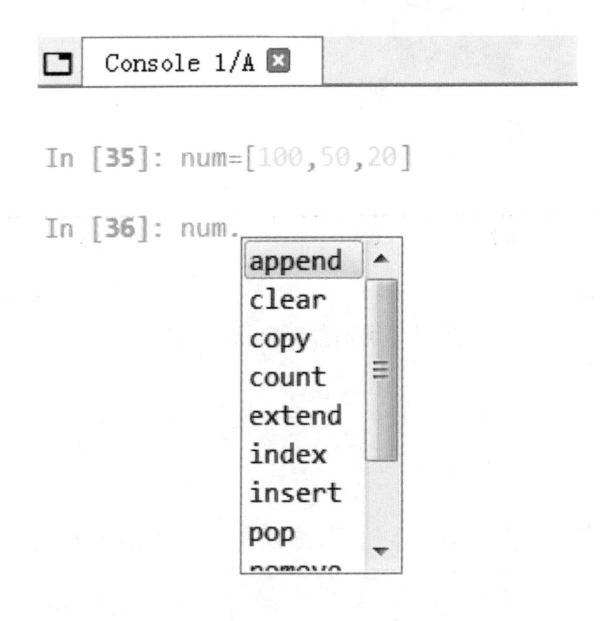

图5.8　列表对象里自带的方法

感兴趣的读者可以自行查看字典、集合等自带的方法。

5.5 [案例]三酷猫水果店年底抽奖活动

年底到了，三酷猫的水果店生意不错。为了答谢员工，三酷猫决定编写一个抽奖游戏代码，为所有的员工随机派送礼物。

抽奖要求：

（1）水果店的员工名单为['黑猫','白猫','蓝猫','三色猫','狸花猫','加菲猫']；

（2）让员工排队，先排队的先抽奖，抽完的离队；

（3）奖品分为一、二、三等奖，其中，一等奖为1台笔记本电脑；二等奖为1部手机或1个平板；三等奖为1个加湿器或1个电热水壶或1台小电风扇；

（4）要求随机派送，对抽中奖的员工记录其获奖奖品，最后输出获奖情况。

代码文件：5_5_gift.py

```
# -*- coding: utf-8 -*-
"""
Created on Tue May 24 22:42:54 2022
年底抽奖
@author: 三酷猫
"""

employees=['黑猫','白猫','蓝猫','三色猫','狸花猫','加菲猫']
result={}                    #记录抽奖结果
gifts={'1台笔记本电脑','1部手机','1个平板','1个加湿器',
'1个电热水壶','1台小电风扇'}
ilen=len(gifts)
i=0
while i<ilen :
    get=gifts.pop()   #随机抽取一个奖品，并删除gifts里抽中的奖品
    result[employees[i]]=get
```

```
    i+=1
print('感谢三酷猫，所有员工都获奖啦！',result)
```

随机抽奖执行结果如下：

```
感谢三酷猫，所有员工都获奖啦！{'黑猫': '1 台小电风扇', '白猫':
'1 个电热水壶', '蓝猫': '1 部手机', '三色猫': '1 个加湿器',
'狸花猫': '1 个平板', '加菲猫': '1 台笔记本电脑'}
```

5.6 练习和实验

1. 填空题

（1）Python 自带函数分两类，一类是可以直接调用的函数，如 print()、del()；一类通过自带（　　）调用。

（2）自带数学库随机返回指定范围的一个整数用（　　）函数。

（3）用关键字（　　）表示自定义函数开始，其后空一格紧跟自定义函数名，函数名右边小括号内用于设置参数，中括号表示允许有些自定义函数没有参数。

（4）自定义函数也可以直接传递元组、（　　）、字典、集合等。

（5）（　　）主要借助多维数组和数组相关的函数，实现对各种数据的复杂处理和计算，是从事数据分析、科学研究和机器学习工程师、科学家必须掌握的入门级工具。

2．判断题

（1）numpy.abs( ) 与 abs( ) 是一个函数，都是求绝对值。（　）

（2）math.log(math.e) 所求的值为 1.0。（　）

（3）“函数体”就是实现函数功能的代码，这是函数魔盒功能的关键所在！（　）

（4）函数内列表、字典元素的变化，会影响到函数外列表、字典元素的变化。（　）

（5）Python 自带 numpy 库，所以可以通过导入该库对其直接使用。（　）

1．实验一

对 5.3.5 节 5_3_5_plot.py 的代码，按照如下要求进行修改：

（1）把绘图区域分成四部分，上面两个子绘图区域各显示一个椭圆，下面两个子绘图区域各显示一个圆；

（2）把代码保存为 Four_Area.py 文件。

2．实验二

把 5.2.6 节的递归函数按照如下要求进行修改：

（1）打印输出每次递归调用时在内存里开辟的地址；

（2）打印输出每次递归调用时 x 值的变化；

（3）打印输出每次递归调用时返回值的变化。

第六章

装下世界的数组

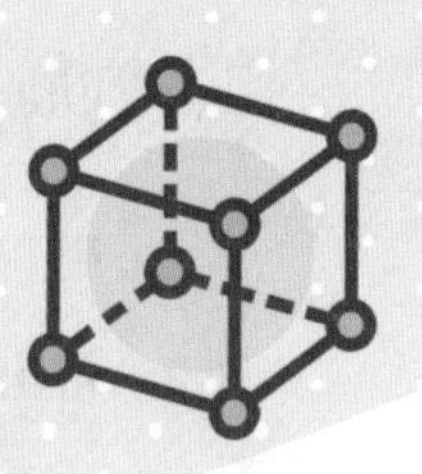

现实世界是多维的，如我们面对一条线，那是一维的；一块地，那是二维的；一个地球那是三维的；转动的地球加时间，那是四维的……

怎么来刻画这个多维世界呢？首先得有记录它们的一种数据存储格式，然后才能通过计算模拟它们的变化。numpy 的数组（Array）对象和相关的函数，就提供了类似功能。

6.1 数组基本操作

数组用于记录一维、二维、三维……世界里的数据，其元素为相同类型的值。这里的数组通过 numpy 里的 array() 函数来实现。

6.1.1 一维数组

numpy 提供的 array() 函数，通过如下格式实现一维数组的定义。

```
numpy.array(数据集合)
```

这里的数据集合可以是列表、元组、集合、字典等。

1. 一维数组的创建

利用列表、元组、集合、字典对象实现一维数组的创建，示例如下：

```
>>data=[1,2,3,4,5]
>>data1=('A','B','C','D','E')
>>data2={'西瓜','南瓜','冬瓜','北瓜','苦瓜'}
>>data3={'三酷猫':100,'加菲猫':60,'三花猫':90,'TOM猫':85,
'凯蒂猫':80}

>>import numpy as np
>>np.array(data)            # 以列表为数据集合，创建一维数组
array([1, 2, 3, 4, 5])
>>np.array(data1)           # 以元组为数据集合，创建一维数组
array(['A', 'B', 'C', 'D', 'E'], dtype='<U1')
                            # 数组元素类型，<U1 为 8 字节字符串类型
>>np.array(data2)           # 以集合为数据集合，创建一维数组
array({'冬瓜', '西瓜', '苦瓜', '南瓜', '北瓜'},dtype=object)
                            #object 为 Python 对象类型
>>grades=np.array(data3)  # 以字典为数据集合，创建一维数组
>>grades
array({'三酷猫': 100, '加菲猫': 60, '三花猫': 90, 'TOM猫':
 85, '凯蒂猫': 80},dtype=object)
                            # 数组元素类型，object 为 Python 对象类型
>>type(grades)              # 查看对象类型
numpy.ndarray               # 显示结果为数组类型
```

2. 一维数组元素操作

一维数组元素基本操作包括增加、修改、查找、删除操作，使用示例如下。

1）增加元素

一维数组增加元素只能通过数组与数组的水平对接增加，即通过 numpy 库自带的 hstack() 函数来实现。

```
>>data=[1,2,3,4,5]
>>one=np.array(data)
>>data1=[6,7,8,9,10]
>>two=np.array(data1)
>>new1=np.hstack((one,two))          # 数组 one、two 水平对接
>>new1                               # 显示对接完成结果
array([ 1,  2,  3,  4,  5,  6,  7,  8,  9, 10])
```

⚠注意

（1）hstack( ) 函数里的 2 个数组是以元组形式传递的，少元组的小括号将报错。

（2）hstack( ) 函数的首字母是 horizontal（水平）的英文缩写。

2）修改元素

numpy 库的一维数组单个元素的修改方法如下：

```
>>new1[0]=100            # 对下标为 0 的元素修改新值为 100
>>new1
array([100,   2,   3,   4,   5,   6,   7,   8,   9,  10])
```

3）查找元素

在一维数组情况下，可以通过指定下标值、切片范围或负下标值进行相关元素的查找，并返回查找结果，若所查找内容不存在，则返回报错信息。

```
>>new1[0]                # 读取下标为 0 的元素
100
>>new1[1:4]              # 用切片方式，读取下标 1 到 3 处的元素
 array([2, 3, 4])
>>new1[-5]               # 用负数下标从右到左读取第 5 个元素
6
```

4）删除元素

通过 numpy 库提供的 delete( ) 函数删除一维数组对象指定下标位置的元素。在前面已经建立 new1 对象的基础上，做如下删除元素操作：

```
>>np.delete(new1,5) #用numpy自带的delete()删除指定下标位置的数组元素
array([100,   2,   3,   4,   5,   7,   8,   9,  10])
>>new1  #从此处可以证实，删除指定元素后生成了新数组，而new1本身不变
array([100,   2,   3,   4,   5,   6,   7,   8,   9,  10])
>>new2=np.delete(new1,5)
>>new2  #new2是删除一个元素后的新数组
array([100,   2,   3,   4,   5,   7,   8,   9,  10])
```

6.1.2　二维数组

numpy 库的 array( ) 函数可以轻松实现二维数组，以解决二维世界的实际问题。

二维数组的基本操作包括创建、增加、修改、查找、删除操作。

1. 二维数组的创建

二维数组的创建方法同一维数组，只是提供的数据集合是2层嵌套的。

```
>>import numpy as np
>>grades=[[100,99,100],[90,98,96],[90,100,100]]
>>twoA=np.array(grades)                          #创建二维数组
>>twoA
array([[100,  99, 100],
       [ 90,  98,  96],
       [ 90, 100, 100]])
```

2. 增加元素

二维数组增加元素，也需要采用对接方法，可以分垂直、水平两种对接方式。

1）垂直对接

numpy 库自带的 vstack( ) 函数实现两个数组之间的垂直对接。

```
>>newGrade=[100,96,97]              # 需要垂直对接到 twoA 数组里的新数组
>>twoA1=np.vstack((twoA,newGrade))      # 垂直对接
>>twoA1                                 # 显示垂直对接结果
array([[100,  99, 100],
       [ 90,  98,  96],
       [ 90, 100, 100],
       [100,  96,  97]])
```

注意

（1）vstack( ) 函数里的 2 个数组是以元组形式传递的，少元组的小括号将报错。

（2）vstack( ) 函数的首字母是 vertical（垂直）的英文缩写。

2）水平对接

用 numpy 库自带的 hstack( ) 函数实现两个数组之间的水平对接。

```
>>newData=[[100],[93],[90],[92]]
>>newCourse=np.array(newData)                    # 创建第二个二维数组
>>twoA2=np.hstack((twoA1,newCourse))
                              # 与上一示例的 twoA1 二维数组进行水平对接
>>twoA2
array([[100,  99, 100, 100],
       [ 90,  98,  96,  93],
       [ 90, 100, 100,  90],
       [100,  96,  97,  92]])
```

3. 查找元素

查找二维数组的元素主要可以通过下标方式读取，可以分两种格式实现。

1）用 [ ] 分隔下标

```
>>twoA2[1][2]
  # 先用 [1] 获取第 2 行 [90,98,96,93]，再用 [2] 获取第 2 行的第 3 个元素
96
```

2）用逗号分隔下标

上例获取第 2 行第 3 个元素的方式，也可以通过如下格式实现：

```
>>twoA2[1,2]          # 等价于 twoA2[1][2]
96
```

若需要读取给定二维数组的部分元素，则可以在逗号两边采用切片方式实现：

```
>>twoA2[1:,0:2] # 用切片形式，读取第 1、2、3 行，对应第 0、1 列的子数组
array([[ 90,  98],
       [ 90, 100],
       [100,  96]])
```

4．修改元素

通过指定某一行某一列下标，可实现对相应元素的赋值修改。

```
>>twoA2[1][2]=100                 # 修改第 2 行第 3 列相应的元素值为 100
>>twoA2
array([[100,  99, 100, 100],
       [ 90,  98, 100,  93],
       [ 90, 100, 100,  90],
       [100,  96,  97,  92]])
```

5．删除元素

删除二维数组元素需要 np.delete( ) 函数，该函数只能实现整列或整行删除。

1）整列删除

```
>>twoA2
array([[100,  99, 100, 100],
       [ 90,  98, 100,  93],
       [ 90, 100, 100,  90],
       [100,  96,  97,  92]])

>>np.delete(twoA2,-1,axis=1)          # 删除最后 1 列
array([[100,  99, 100],
       [ 90,  98, 100],
       [ 90, 100, 100],
       [100,  96,  97]])
```

注意

delete( ) 函数三个参数的用法。第一个参数输入是需要删除数组的名称；第二个参数是以下标或切片数组形式输入需要删除的列（或行）；第三个参数 axis=1 代表列方向，axis=0 代表行方向，axis 参数可以省略，省略则默认为行方向。

2）整行删除

在上述几个示例代码操作的基础上，继续执行如下代码：

```
>>np.delete(twoA2,-1,axis=0)         # 用指定下标形式删除最后一行元素
array([[100,  99, 100, 100],
       [ 90,  98, 100,  93],
       [ 90, 100, 100,  90]])
>>np.delete(twoA2,np.s_[1:3],axis=0) # 用切片数组形式删除第 2、3 行元素
array([[100,  99, 100, 100],
       [100,  96,  97,  92]])
```

6.1.3 三维数组

三酷猫想把自己的房间，用三维坐标表示出来，如图 6.1 所示。每个坐标点(x,y,z)由三个坐标点的数字组成，在房间里采集合适的坐标点个数，

就可以建立房间的三维空间。

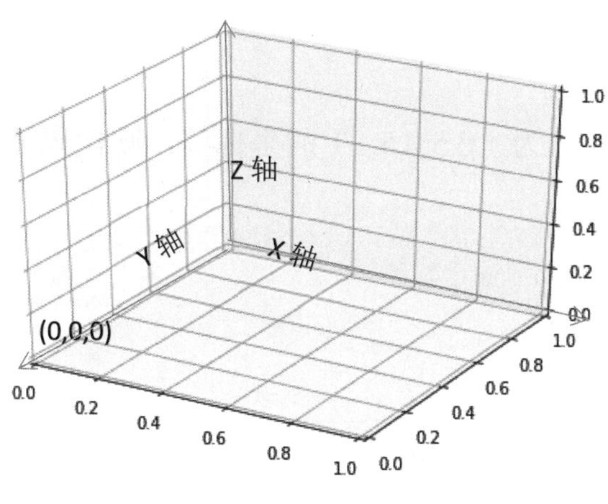

图6.1　三维坐标

要记录三维空间每个坐标点的值，就得利用三维数组。用 numpy 库的 array( ) 函数建立三维数组对象，其代码如下：

```
>>c3=[[[0,0.5,1],[0,0.5,1],[0,0.5,1]],[[0,0.5,1],[0,0.5,1],
[0,0.5,1]],[[0,0.5,1],[0,0.5,1],[0,0.5,1]]
>>c3
[[[0, 0.5, 1], [0, 0.5, 1], [0, 0.5, 1]],
 [[0, 0.5, 1], [0, 0.5, 1], [0, 0.5, 1]],
 [[0, 0.5, 1], [0, 0.5, 1], [0, 0.5, 1]]]

>>coordinates3=np.array(c3)
>>coordinates3
array([[[0. , 0.5, 1. ],
        [0. , 0.5, 1. ],        x 坐标值
        [0. , 0.5, 1. ]],

       [[0. , 0.5, 1. ],
        [0. , 0.5, 1. ],        y 坐标值
        [0. , 0.5, 1. ]],

       [[0. , 0.5, 1. ],
        [0. , 0.5, 1. ],        z 坐标值
        [0. , 0.5, 1. ]]])
```

根据上面三维坐标定义，假如要获取坐标点为（0,0,0）的坐标值，则取每个维度的第一个元素，代码如下：

```
>>(coordinates3[0][0][0],coordinates3[1][0][0],
coordinates3[2][0][0])
(0.0, 0.0, 0.0)
```

假设要取坐标点为（0.5,0.5,1）的坐标值，则代码如下：

```
>>(coordinates3[0][0][1],coordinates3[1][0][1],
coordinates3[2][0][2])
(0.5, 0.5, 1.0)
```

6.1.4 函数自动赋值

除了用 array( ) 函数实现数组定义和赋值外，numpy 库还提供了一些特殊赋值函数。

1. 用 numpy 库的 arange( ) 函数生成一维数组元素

```
>>import numpy as np                #导入 numpy 库
>>np.array(np.arange(5))            #生成元素为 0 到 4 的一维数组
array([0, 1, 2, 3, 4])
np.array(np.arange(10,20,2))
                        #生成元素为 10 到 20 之间、步长间隔为 2 的元素
array([10, 12, 14, 16, 18])         #不含 20 本身
```

2. 用 numpy 库的 linspace( ) 函数生成指定的 n 个等分样本数据

```
>>np.linspace(1,5,2)
            #创建一个等差数列向量，向量值是 [1,5] 之间均匀分布的 2 个数值
array([1., 5.])
>>np.linspace(1,5,3)
            #创建一个等差数列向量，向量值是 [1,5] 之间均匀分布的 3 个数值
array([1., 3., 5.])
>>np.linspace(1,100,10)
        #创建一个等差数列向量，向量值是 [1,100] 之间均匀分布的 10 个数值①
array([1.,  12.,  23.,  34.,  45.,  56.,  67.,  78.,  89., 100.])
```

这里的“等分”要理解为相邻数据之间的间距值相等，如上例①的间距都是 11，而且是 10 个样本[①]数。

3. 用 numpy 库的 zeros( ) 函数生成元素都为 0 的数组

```
>>np.zeros(5)                  # 生成元素个数为 5、元素值为 0 的一维数组
array([0., 0., 0., 0., 0.])
>>np.zeros((3,3))              # 生成 3 行 3 列元素值都为 0 的二维数组
array([[0., 0., 0.],
       [0., 0., 0.],
       [0., 0., 0.]])
```

4. 用 numpy 库的 ones( ) 函数生成元素都为 1 的数组

```
>>np.ones(5)                   # 生成元素个数为 5、元素值为 1 的一维数组
array([1., 1., 1., 1., 1.])
>>np.ones((3,3))               # 生成 3 行 3 列元素值都为 1 的二维数组
array([[1., 1., 1.],
       [1., 1., 1.],
       [1., 1., 1.]])
```

5. 用 numpy 库的 full( ) 函数生成指定数值的数组

```
>>np.full(5,8)                 # 生成元素个数为 5 指定值为 8 的一维数组
array([8, 8, 8, 8, 8])
>>np.full((3,3),8)             # 生成 3 行 3 列指定值都为 8 的二维数组
array([[8, 8, 8],
       [8, 8, 8],
       [8, 8, 8]])
```

① 样本，是统计学术语。研究中实际观测或调查的一部分个体称为样本（Sample），研究对象的全部称为总体。

6．用 numpy 库的 eye( ) 函数生成对角线元素为 1、其他元素都为 0 的一个二维数组

```
>>np.eye(3,4,0)             # 生成 1 在主对角线上的 3 行 4 列二维数组
array([[1., 0., 0., 0.],
      [0., 1., 0., 0.],
      [0., 0., 1., 0.]])
```

eye( ) 函数的第三个参数 0 值为主对角线，负数为下对角线，正整数为上对角线。

```
>>np.eye(4,4,-1)
array([[0., 0., 0., 0.], # 生成 1 在主对角线下移 1 行的 4 行 4 列二维数组
      [1., 0., 0., 0.],
      [0., 1., 0., 0.],
      [0., 0., 1., 0.]])
```

7．用 numpy 库的 repeat( ) 函数生成每个元素重复 N 次的数组

```
>>np.repeat([1,2,3],3)                    # 生成元素都重复 3 次的一维数组
array([1, 1, 1, 2, 2, 2, 3, 3, 3])
>>np.repeat([[1,2,3],[4,5,6]],3,axis=1)
                                          # 生成元素都重复 3 次的二维数组
array([[1, 1, 1, 2, 2, 2, 3, 3, 3],
       [4, 4, 4, 5, 5, 5, 6, 6, 6]])
>>np.repeat([[[1,2],[3,4]],[[5,6],[7,8]]],3,axis=2)
                                          # 生成元素都重复 3 次的三维数组
array([[[1, 1, 1, 2, 2, 2],
        [3, 3, 3, 4, 4, 4]],
       [[5, 5, 5, 6, 6, 6],
        [7, 7, 7, 8, 8, 8]]])
```

注意

axis=0 代表生成一维数组，axis=1 代表生成二维数组，axis=2 代表生成三维数组；除了一维数组 axis 可以省略外，其他数组都必须指定 axix，否则计算机会报错。

6.1.5 ［案例］三酷猫照片背后的数组

matplotlib.pyplot 子库为读写 PNG、JPG 格式的图像，提供了 imread( ) 和 savefig( ) 函数，可以通过 import 导入使用。

1. 读取 PNG 图片到指定的数组对象

plt.imread(fname, format=None)，参数说明如下。

（1）fname，指定读取图片的文件名（含文件路径）。

（2）format，指定文件扩展名，如果没有指定，则默认值为 PNG。

返回值说明：数组，返回数组形式为 (M, N)，则图片是灰度图片；返回数组形式为 (M, N, 3)，则图片是 RGB 图片；返回数组形式为 (M, N, 4)，则图片是 RGBA 图片。

2. RGBA 组成

在计算机上图片的最小表示单位是像素，RGBA 格式图片的像素由红（Red）、绿（Green）、蓝（Blue）、透明度（Alpha）四个通道组成，每个通道占 8bit，一个像素长度为 32bit，其结构如图 6.2 所示。前三个通道颜色的取值范围为 0 到 255 之间的整数或者 0% 到 100% 之间的百分数，这些值描述了红绿蓝三原色在预期色彩中的量。如 100% 红、0% 绿和 0% 蓝，设置为纯红色。Alpha 通道确定彩色的透明度，值范围为 [0,1]，0 为全透明，1 为不透明。

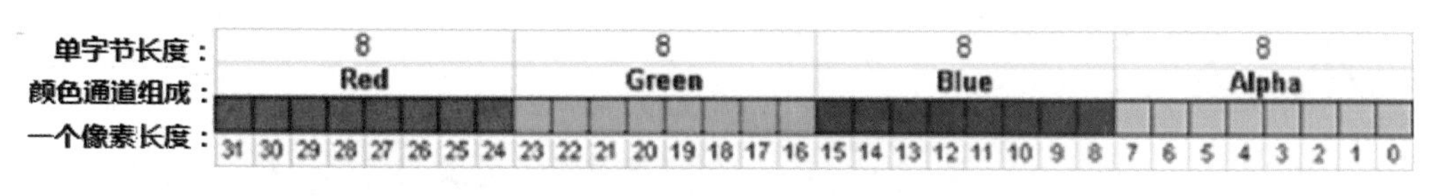

图6.2　RGBA结构

3. 组数对象以图片格式存放

plt.imsave(fname, arr, **kwargs) 的参数说明如下。

（1）fname，指定需要存储为图片的文件名（含文件路径）。

（2）arr，图片数据的数组，数组形式可以是 (M, N) 、(M, N, 3)、(M, N, 4)。

（3）**kwargs 代表如下参数设置及使用。

① vmin, vmax，设置颜色范围。

② cmap，设置图片颜色，仅适用于灰度图片。

③ format，指定文件的扩展名，如“.png”“.pdf”“.svg”等。

④ origin，可选值“upper”“lower”，指定图片索引坐标（0,0）从左上角开始，还是从左下角开始。

⑤ dpi，表示图像分辨率，指每英寸长度上的点数。

4．读写图片

先用 imread( ) 读取指定位置的图片，然后通过 imshow( ) 函数显示读取的图片，其代码如下：

代码文件：6_1_5_readPhoto.py

```
import matplotlib.pyplot as plt
                              # 导入 matplotlib 的 pyplot 子库，别名 plt
img=plt.imread(r'G:\study\picture\cat1.png')
                              # 读取指定路径下的 PNG 图片
plt.imshow(img)               # 显示图片
print(img)                    # 打印 img 数组
print(img.shape)              # 输出图片大小
```

用 imread( ) 读取指定路径下的图片时，在其路径字符串前必须加 r 字符，表示字符串里即使存在 \ 开始的转义字符，也按照字符串本身执行，不进行字符转义操作。

上述代码执行结果如图 6.3 所示。

图6.3　读取的猫图片

代码打印输出如下：

```
[[[0.32941177 0.3882353  0.27450982 1.]
  [0.34901962 0.40784314 0.29411766 1.]
  [0.37254903 0.43137255 0.30980393 1.]
  ...
  [0.58431375 0.53333336 0.49803922 1.]
  [0.58431375 0.5254902  0.49803922 1.]
  [0.58431375 0.5254902  0.49803922 1.]]

 [[0.3647059  0.42352942 0.30980393 1.]
  [0.35686275 0.41568628 0.3019608  1.]
  [0.3529412  0.4117647  0.2901961  1.]
  ...
  [0.5882353  0.5372549  0.5019608  1.]
  [0.5882353  0.5294118  0.5019608  1.]
```

```
  [0.5882353  0.5294118  0.5019608  1.]]

  ...
 [[0.5568628  0.7137255  0.46666667 1.]
  [0.5529412  0.70980394 0.4627451  1.]
  [0.5647059  0.7254902  0.46666667 1.]
  ...
  [0.43529412 0.5137255  0.40392157 1.]
  [0.43529412 0.50980395 0.4        1.]
  [0.43529412 0.50980395 0.4        1.]]]
```

上述为读取图片的数组显示数值，每一行为四个值，分别对应RGBA四个通道的值，这里所有的透明度为1。当一个像素的值为(255, 255, 255, 0)时，表示完全透明的白色；当一个像素的值为(0, 0, 0,1)时，表示完全不透明的黑色，也就是Aplha的取值范围为[0,1]。

```
(1706, 1280, 4)# 图片数组第一维为 4 个元素，第二维为 1280 个，第三维为 1706 个
```

从图6.3左边的坐标值可以看出1706对应y轴值（图片的高），1280对应x轴值（图片的宽），4为一个像素的RGBA。

5. 保存截取的图片

这里通过对数组指定范围元素的读取，把猫单独截取出来，另存为一个图片。

代码文件：6_1_5_savePhoto.py

```
import matplotlib.pyplot as plt
img=plt.imread(r'G:\study\picture\cat1.png')
                        # 读取指定路径下的 PNG 图片
fig=plt.figure(2,figsize=(1.5,1))
small=img[800:1200,250:750,:]
                        # 获取猫图高 [800:1200)、宽 [250:750) 的猫图片
plt.imshow(small)                              # 显示获取图片内容
```

```
plt.imsave(r'G:\study\picture\cat2.png',small)
                                          # 保存获取的图片部分
```

截取部分图片并保存到新文件中的执行结果如图 6.4 所示。

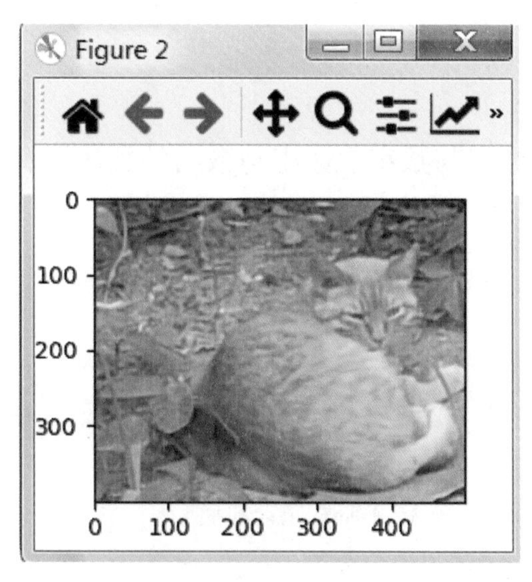

图6.4　截取的猫图片

由此读者可以得到启发，可以借助数组的各种操作，实现对图像的各种处理，如图像旋转、图像大小改变、图像透明度改变、图像的切割、图像识别、图像叠加、图像特定部分移动等。

6.2　数组数学基本运算

数组确实能像数字一样进行各种数学运算，然后生成新的数组元素。可以让图片里的内容改变或判断图片里的内容，是非常有意思的。

6.2.1 四则运算

对数组元素，进行加法（+）、减法（-）、乘法（*）、除法（/）基本运算。

1. 加法运算（+）

利用+号实现数组与数字、数组与数组的加法运算。

```
>>import numpy as np
>>one=np.ones((3,3)) # 生成元素为 1 的 3 行 3 列二维数组
>>one
array([[1., 1., 1.],
       [1., 1., 1.],
       [1., 1., 1.]])
>>two=one+1            # 二维数组与常量 1 相加
>>two                  # 所有元素都加 1
array([[2., 2., 2.],
       [2., 2., 2.],
       [2., 2., 2.]])
>>two+one              # 相同行数、列数的数组与数组相加，对应元素相加
array([[3., 3., 3.],
       [3., 3., 3.],
       [3., 3., 3.]])
>>three=np.ones(3)     # 创建一维行数组，有 3 个列元素
>>three
array([1., 1., 1.]     # 一行 3 个 1
>>two+three      # 允许 n 行 n 列的数组与 1 行 n 列的数组相加，且列数 n 一样
array([[3., 3., 3.],
       [3., 3., 3.],
       [3., 3., 3.]])
four=np.array([[1],[1],[1]])  #1 列 3 行
four
array([[1],
       [1],
       [1]])
one+four         # 允许 n 行 n 列的数组与 n 行 1 列的数组相加，且行数 n 一样
array([[2., 2., 2.],
       [2., 2., 2.],
       [2., 2., 2.]])
```

```
five=np.ones((2,3))#2行3列
five
array([[1., 1., 1.],
       [1., 1., 1.]])

one+five              #3行3列的数组与2行3列的数组相加，计算机将报错
Traceback (most recent call last):

  File "<ipython-input-18-eab76b658c65>", line 1, in <module>
    one+five

ValueError: operands could not be broadcast together with
 shapes (3,3) (2,3)
```

从上述测试中可以得到，数组与常量相加、同行同列数组相加、数组与同列1行或同行1列的数组相加都可以，其他情况相加计算机将报错。

说明

(n,m) 数组与 (n,1)、(1,m) 相加的过程，有个专有名称称为“广播运算”。

2. 减法运算（-）

可以通过 - 号，实现数组与数字、数组与数组的减法运算。

```
>>import numpy as np
>>A=np.zeros((2,3))                   # 创建2行3列元素为0的二维数组
>>B=A-2                               # 数组与数字2相减
>>B                                   # 显示相减结果
array([[-2., -2., -2.],
       [-2., -2., -2.]])
>>C=np.ones((2,3))                    # 创建2行3列元素为1的二维数组
>>C
array([[1., 1., 1.],
       [1., 1., 1.]])
>>C-B                                 # 数组C减去数组B
```

```
array([[3., 3., 3.],
       [3., 3., 3.]])
```

从上述代码测试可以得出，数组减法运算规律同加法运算规律。

3．乘法运算（*）

通过 * 号实现数组与数字、数组与数组之间的乘法运算。

```
>>one
array([[1., 1., 1.],
       [1., 1., 1.],
       [1., 1., 1.]])

>>two
array([[2., 2., 2.],
       [2., 2., 2.],
       [2., 2., 2.]])

>>one*two                    # 数组与数组相乘，每个对应元素相乘
array([[2., 2., 2.],
       [2., 2., 2.],
       [2., 2., 2.]])

>>two*2                      # 数组与数字相乘，每个元素乘以 2
array([[4., 4., 4.],
       [4., 4., 4.],
       [4., 4., 4.]])
```

从上述代码测试可以得出，数组乘法运算规律同加法运算规律。

4．除法运算（/）

通过 / 号实现数组与数字、数组与数组之间的除法运算。

```
>>four=two*2
>>four
array([[4., 4., 4.],
       [4., 4., 4.],
       [4., 4., 4.]])
```

```
>>four/2                         # 数组除以数字 2
array([[2., 2., 2.],
       [2., 2., 2.],
       [2., 2., 2.]])

>>four/np.full(3,4)              # 数组除以 1 行 3 列元素为 4 的一维数组
array([[1., 1., 1.],
       [1., 1., 1.],
       [1., 1., 1.]])
```

从上述代码测试可以得出，数组除法运算规律同加法计算规律。

6.2.2　取余、求幂、取整、复数运算

对数组元素，进行取余（%）、幂（**）、取整（//）、复数运算。

1. 数组取余运算（%）

通过 % 号实现数组与数字、数组与数组之间的求余运算，其使用方法示例如下：

```
>>one1=np.arange(9).reshape(3,3)#reshape() 为改变数组为 3 行 3 列形式
>>one1
[[0 1 2]
 [3 4 5]
 [6 7 8]]
>>m1=np.full((3,3),2)
>>m1
[[2 2 2]
 [2 2 2]
 [2 2 2]]
>>one1%m1                        # 数组 one1 与数组 m1 对应的元素求余
array([[0, 1, 0],
     [1, 0, 1],
     [0, 1, 0]], dtype=int32)
>>one1%3                         # 数组 one1 的所有元素与数字 3 进行求余运算
array([[0, 1, 2],
       [0, 1, 2],
       [0, 1, 2]], dtype=int32)
```

2. 数组求幂运算（**）

通过 ** 号实现数组与数组、数组与数字之间的求幂运算，其使用方法示例如下：

```
>>one2=np.arange(9).reshape(3,3)
>>one2
array([[0, 1, 2],
       [3, 4, 5],
       [6, 7, 8]])
>>two2=np.arange(3)
>>two2
array([0, 1, 2])
>>one2**two2
   #one2 数组的元素作为底，two2 数组的元素作为指数，进行对应元素幂运算
array([[ 1,  1,  4],
       [ 1,  4, 25],
       [ 1,  7, 64]], dtype=int32)
>>one2**2                                  # 数组与数字 2 进行幂运算
array([[ 0,  1,  4],
       [ 9, 16, 25],
       [36, 49, 64]], dtype=int32)
```

3. 数组取整运算（//）

通过 // 号实现数组与数字、数组与数组之间的取整运算，其使用方法示例如下：

```
>>one3=np.arange(9).reshape(3,3)
>>one3
array([[0, 1, 2],
       [3, 4, 5],
       [6, 7, 8]])
>>one3//2                                  # 数组与数字 2 进行取整运算
array([[0, 0, 1],
       [1, 2, 2],
       [3, 3, 4]], dtype=int32)
>>three3=np.full((3,3),2)
>>three3
```

```
array([[2, 2, 2],
       [2, 2, 2],
       [2, 2, 2]])
>>one3//three3                              # 数组与数组进行取整运算
array([[0, 0, 1],
       [1, 2, 2],
       [3, 3, 4]], dtype=int32)
```

4．数组复数运算

复数（Complex Number）是指能写成如 a+bj 形式的数，这里 a 和 b 是实数，j 是虚数单位（-1 开根号）。这是高中将会学习的数学知识，在大型水坝渗水处理、直升机机翼上升力等方面有重要应用，使用方法示例如下:

```
>>comp=np.array([10+2J,2-2j])     # 在 Python 里 j 或 J 代表虚数单位
>>comp
array([10.+2.j,  2.-2.j])
```

6.2.3　数组比较运算

数组比较运算包括等于（==）、不等于（!=）、大于（>）、小于（<）、不小于（>=）、不大于（<=）。数组比较运算主要用于比较数组对应元素，比较的逻辑结果为 True 或 False。

1．数组与数组比较

数组与数组比较使用方法示例如下：

```
>>A1=np.arange(9).reshape(3,3)
>>A1
array([[0, 1, 2],
       [3, 4, 5],
       [6, 7, 8]])

>>B2=A1
```

```
>>B2
array([[0, 1, 2],
       [3, 4, 5],
       [6, 7, 8]])

>>A1==B2          # 数组 A1 与数组 B2 的每个对应元素进行比较
array([[ True,  True,  True],
       [ True,  True,  True],
       [ True,  True,  True]])
>>C1=(A1==B2)     # 将比较结果赋值给 C1
>>C1.all()        # 用数组 C1 自带的 all() 方法判断其所有元素是否为 True
True
```

说明

这里可以把 A1 和 B2 想象成两张照片的比较，看看它们是否一模一样。

2. 数组与数字比较

数组与数字比较使用方法示例如下：

```
>>A1=np.arange(9).reshape(3,3)
>>A1
array([[0, 1, 2],
       [3, 4, 5],
       [6, 7, 8]])
>>A1>=6                                  # 数组 A1 与数字 6 比较
array([[False, False, False],
       [False, False, False],
       [ True,  True,  True]])
```

6.2.4 [案例] 三酷猫把彩照变成黑白照

通过对四通道的像素（四通道像素原理详见 6.1.5 节），只取其中一个通道的值，在显示时指定灰度颜色，就可以实现黑白照的效果，其实现

代码示例如下：

代码文件：6_2_4_grayCat.py

```
# -*- coding: utf-8 -*-
"""
Created on Thu May 26 21:16:22 2022
三酷猫把彩照处理成黑白照
@author: 三酷猫
"""
import matplotlib.pyplot as plt
img=plt.imread(r'G:\study\picture\cat2.png')
                                          # 读取指定路径下的 PNG 图片
fig=plt.figure(2,figsize=(1.5,1))
plt.title('Gray Cat!')
img_r2=img[:,:,2]                         # 取单通道 b 通道数值
plt.imshow(img_r2,plt.cm.gray)# 显示第四张灰度图 ,gray 为灰度颜色
print(img_r2.shape)                       # 获取处理后的图片数组大小
print(img_r2)                             # 获取处理后的图片数组值
```

上述代码执行显示如图 6.5 所示，数组大小显示如下：

```
(279, 344)
[[1.          1.          1.          ... 1.          1.
1.        ]
 [0.9411765  0.94509804 0.94509804 ... 0.94509804 0.94509804
0.94509804]
 [0.         0.         0.         ... 0.         0.
0.        ]
 ...
 [0.4862745  0.50980395 0.49019608 ... 0.81960785 0.7921569
0.78431374]
 [0.47058824 0.4745098  0.4392157  ... 0.77254903 0.7607843
0.75686276]
 [0.40392157 0.38039216 0.3372549  ... 0.6862745  0.6862745
0.6862745 ]]
```

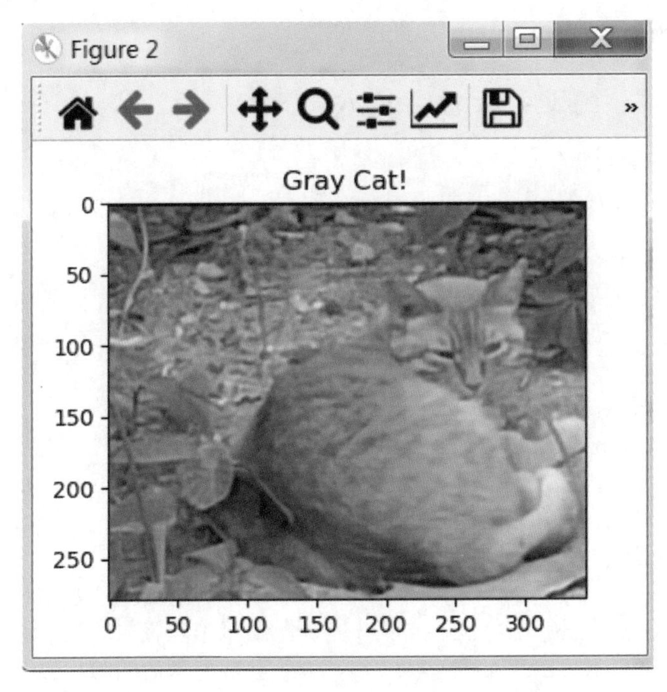

图6.5　三酷猫把彩照处理成黑白照

6.3　数组函数和方法

numpy 库的数组自带一些函数和方法，具有强大的数组处理能力。

6.3.1　数组常用函数

numpy 库提供的常用函数除了 5.3.1 节介绍的 abs( )、sqrt( )，6.1 节介绍的 vstack( )、hstack( )、delete( )、np.arange( )、linspace( )、zeros( )、ones( )、full( )、eye( )、repeat( ) 外，还包括以下函数。

1. 四舍五入函数 around( )

```
>>deci=np.array([2.5,2.4,2.6])
>>np.around(deci)
array([2., 2., 3.])
```

np.around( ) 函数在四舍五入的使用方法上类似 Python 自带的 round( ) 函数。

2．求算术平均值函数 np.average( )（含加权参数 weights）

```
>>one=np.arange(9).reshape(3,3)
                                        # 创建 3 行 3 列元素值从 0 到 8 的二维数组
>>one
array([[0, 1, 2],
       [3, 4, 5],
       [6, 7, 8]])
>>np.average(one)                       # 求数组所有元素的平均值
4.0
>>np.average(one,axis=0)                # 求每列元素的平均值
array([3., 4., 5.])
>>np.average(one,axis=1)                # 求每行元素的平均值
array([1., 4., 7.])
>>w1=[[1/18,1/18,1/18],[1/9,1/9,1/9],[3/18,3/18,3/18]]
                                        # 要求对 one 每个元素都做加权乘积
>>np.average(one,weights=w1)            # 求 one 的加权平均值
5.0
```

带加权求平均值，先用数组 one 与 w1 进行对应元素的加权乘积，然后再求平均值。w1 权重值的和为 1，人们往往根据权重大小去区分不同元素的重要性。在没有提供 weights 参数情况下，就是求普通的算术平均值，与 np.mean( ) 求均值（又称为平均值）的功能一样。

3．构建块矩阵函数 block( )

```
>>zero=np.zeros(9).reshape(3,3)
>>one=np.ones(9).reshape(3,3)
>>np.block([zero,one])                      # 把 2 个数组组合成新的数组
array([[0., 0., 0., 1., 1., 1.],
       [0., 0., 0., 1., 1., 1.],
       [0., 0., 0., 1., 1., 1.]])
```

4. 有序集合倒序排序 flipud( ) 函数

```
>>data2=np.arange(9)
>>data2
array([0, 1, 2, 3, 4, 5, 6, 7, 8])
>>np.flipud(data2)                          # 对数组进行倒序排序
array([8, 7, 6, 5, 4, 3, 2, 1, 0])
```

5. 比较替换函数 where( )

```
>>data=np.arange(9)
>>data
array([0, 1, 2, 3, 4, 5, 6, 7, 8])
>>np.where(data>=4,10,0)
             # 对于数组元素不小于 4 部分，把值替换为 10，反之则替换为 0
array([ 0,  0,  0,  0, 10, 10, 10, 10, 10])
>>np.where(data>=4,10,data)
             # 左边 data 数组元素不小于 4 部分，用 10 替换，
             # 小于部分用右边 data 数组元素替换
array([ 0,  1,  2,  3, 10, 10, 10,10,10])
>>data1=np.ones(9)
>>np.where(data>=4,10,data1)
# 左边 data 数组元素不小于 4 部分，用 10 替换，小于部分用右边 data1 数组
# 元素替换
array([ 1.,  1.,  1.,  1., 10., 10., 10., 10., 10.])
```

6.3.2 numpy 库的随机函数

在实际测试数据不可获取的情况下，通过 numpy 库提供的各种随机函数，可以产生各种模拟样本数据，为数据绘图、研究及学习提供方便。

1. 随机均匀小数函数

用 np.random.rand( ) 函数创建值范围为 [0,1) 的均匀分布小数，并以数组形式返回。

```
>>np.random.rand(1)                         # 产生一个随机小数
```

```
    array([0.56075654])
    >>np.random.rand(1)
    array([0.00275916])
    >>np.random.rand(1,5)           # 产生 n 行 m 列二维数组的随机小数值
    array([[0.28590154, 0.36493761, 0.42992198, 0.91227511,
0.92116068]])
    >>np.random.rand(3,5)
    array([[0.78102879, 0.73688284, 0.35460192, 0.69041258,
0.15408444],[0.7192055 , 0.68982155, 0.64055101, 0.34725713,
0.09976136],[0.58551946, 0.57114657, 0.60717676, 0.71801357,
0.23812133]])
    >>np.random.rand(1,5,2)
      # 产生 n 行（这里指 5）m 列（这里指 2）第三维为 1 的三维随机数数组
    array([[[0.77918278, 0.55027746],
            [0.97125737, 0.43662152],
            [0.29738486, 0.78155441],
            [0.2358149 , 0.48632056],
            [0.1707517 , 0.13961063]]])
    >>np.random.rand(2,5,2)
      # 产生 n 行（这里指 5）m 列（这里指 2）第三维为 2 的三维随机数数组
    >>array([[[0.66885826, 0.48215991],
            [0.97988551, 0.9800285 ],
            [0.64584173, 0.93817778],
            [0.70801455, 0.81000889],
            [0.54970199, 0.89247587]],

           [[0.17869075, 0.44676181],
            [0.05862996, 0.01230129],
            [0.12289586, 0.07384573],
            [0.54657092, 0.74317647],
            [0.87280505, 0.97420593]]])
```

2. 随机整数函数

用 np.random.randint(low,high,shape) 函数产生数值范围为 [low,high)，维数由 shape 指定的随机整数数组或一个随机整数。其中 low 不小于 0；high 可以省略；shape 以元组形式指定维度，可以省略。

```
>>np.random.randint(9)              # 生成一个不小于 0 小于 9 的整数
8
>>np.random.randint(2,11)           # 生成一个不小于 2 小于 11 的整数
3
>>np.random.randint(2,11,(2,2))
       # 生成一个 2 行 2 列，不小于 2 小于 11 的整数数组
array([[10,  3],
       [2,   9]])
>>np.random.randint(2,11,(2,2,2))
       # 生成一个 2 行 2 列第三维为 2 的，不小于 2 小于 11 的三维整数数组
array([[[5, 10],
        [6,  4]],

       [[9, 10],
        [5, 10]]])
```

3. 标准正态分布样本数值函数

用 np.random.randn( ) 函数产生值分布为随机正态分布的样本数组，值范围含正负浮点数。这里的正态分布概念及几何意义，详见 7.2.5 节内容。

```
>>np.random.randn(7)              # 产生 7 个正态分布的样本数值
array([ 0.70165456, 1.04137503, 1.06855469, 0.1440393 , -0.43309449,
        0.32114611, -1.7904867 ])

>>np.random.randn(3,2)            # 产生 3 行 2 列正态分布的样本数值数组
array([[ 0.93315089,  1.98550795],
       [-0.29435523, -0.98380762],
       [-1.34452925, -0.15367415]])

>>np.random.randn(3,4,2)
            # 产生 4 行 2 列第三维为 3 的正态分布的样本数值三维数组
array([[[ 0.3930495 ,  0.56917725],
        [-1.32618777,  1.76222886],
        [-1.10006152,  0.64515128],
        [ 0.11851067, -0.62667813]],

       [[-1.38489022, -1.15645863],
        [-0.47007859,  1.43574522],
        [ 2.64679329,  1.1099387 ],
```

```
      [-1.54548821, -0.83741673]],

     [[ 0.29180731,  0.55646878],
      [ 0.67735902,  0.88933156],
      [-0.68658339, -0.19724993],
      [ 0.10598843,  0.93505358]]])
```

4. 在指定区间里返回指定维数的随机数数组

用 np.random.uniform(low, high ,size) 函数随机返回值范围为 (low,high)，数组维数为 size 的随机样本数值，其中 size 为元组形式；low 默认值为 0；high 默认值为 1。

```
>>np.random.uniform(2,11,(1,2))
array([[3.66215845, 7.56018848]])

>>np.random.uniform(2,11,(2,2))
array([[10.13854589,  2.31934758],
       [4.95064078,  7.01437953]])
```

5. 从一维数组里随机抽取指定数量的样本数值

用 np.random.choice( ) 函数从指定一维数组里抽取指定数量的样本值。

```
>>data=np.arange(10)             # 创建含有 10 个元素的一维数组
>>data
array([0, 1, 2, 3, 4, 5, 6, 7, 8, 9])
>>np.random.choice(data,3)
             # 从一维数组里随机抽取 3 个元素，默认允许重复抽取同一元素
array([8, 9, 9])
>>np.random.choice(data,3,replace=False)
             # 当 replace 参数设置为 False 时，不允许抽重复元素
array([0, 4, 6])
```

这里仅介绍跟本书相关的 5 个随机函数，其实 np.random 模块下还存在其他功能强大的随机函数，可以用 help(np.random) 查看。

6.3.3 数组常用方法

numpy 数组自带一些方法，常见的包括 all( )、any( )、max( )、min( )、mean( )、prod( )、sum( )、transpose( )、var( )、std( ) 等。

1. all( ) 方法

数组 all( ) 方法用于判断数组元素是否都为非 0，若都为非 0，则判断结果为 True，否则判断结果为 False。

```
>>import numpy as np
>>A=np.array(np.arange(5))
>>A
array([0, 1, 2, 3, 4])
>>A.all()                          # 判断元素是否都为非 0
False                              # 判断结果为 False，则表示存在 0
>>B=np.ones((2,2))
>>B
array([[1., 1.],
       [1., 1.]])
>>B.all()
True                               # 判断结果为 True，所有元素都为非 0
```

2. any( ) 方法

数组自带 any( ) 方法用于判断数组里是否至少存在一个非 0 值，如果是，则判断结果为 True，否则判断结果为 False。

```
>>import numpy as np
>>D=np.array([0,0,1])
>>D.any()                          # 判断数组里是否至少存在一个非 0 值
True                               # 存在一个 1，则给出 True
>>E=np.zeros(3)
>>E
array([0., 0., 0.])
>>E.any()                          # 判断数组里是否至少存在一个非 0 值
False                              # 都是 0，判断结果为 False
```

3．max( )方法

数组自带的max( )方法用于获取最大元素。当指定参数axis，值为0时，求每列的最大值；值为1时，求每行的最大值。

```
>>F=np.arange(5)
>>F
array([0, 1, 2, 3, 4])
>>F.max()                                # 求数组里的最大元素
4
>>G=np.arange(9).reshape(3,3)
>>G
array([[0, 1, 2],
       [3, 4, 5],
       [6, 7, 8]])
>>G.max(axis=0)                          # 求每列的最大值
array([6, 7, 8])
>>G.max(axis=1)                          # 求每行的最大值
array([2, 5, 8])
```

4．min( )方法

数组自带的min( )方法用于获取最小元素。当指定参数axis，值为0时，求每列的最小值；值为1时，求每行的最小值。

```
>>G.min()
0
>>G.min(axis=0)                          # 求每列的最小值
array([0, 1, 2])
>>G.min(axis=1)                          # 求每行的最小值
array([0, 3, 6])
```

5．mean( )方法

数组自带的mean( )方法用于获取所有元素的均值。当指定参数axis，值为0时，求每列的均值；值为1时，求每行的均值。

```
>>G.mean()                          # 求数组所有元素的均值
4.0
>>G.mean(axis=0)                    # 求每列的均值
array([3., 4., 5.])
>>G.mean(axis=1)                    # 求每行的均值
array([1., 4., 7.])
```

6. prod( )方法

数组自带的prod( )方法用于计算所有元素的乘积。当指定参数axis，值为0时，求每列的乘积；值为1时，求每行的乘积。

```
>>G=np.arange(9).reshape(3,3)
>>G
array([[0, 1, 2],
       [3, 4, 5],
       [6, 7, 8]])
>>G.prod()                               # 求所有元素的乘积
0
>>G.prod(axis=0)                         # 求每列元素的乘积
array([0, 28, 80])
>>G.prod(axis=1)                         # 求每行元素的乘积
array([0,  60, 336])
```

7. sum( )方法

数组自带的sum( )方法用于计算所有元素的和。当指定参数axis，值为0时，求每列元素的和；值为1时，求每行元素的和。

```
>>G.sum()                                # 求所有元素的和
36
>>G.sum(axis=0)                          # 求每列元素的和
array([ 9, 12, 15])
>>G.sum(axis=1)                          # 求每行元素的和
array([ 3, 12, 21])
```

8．transpose( ) 方法

数组自带的 transpose( ) 方法用于把数组的每一行元素顺时针旋转 90°（数学上称其为转置）。

```
>>G                        # 转置前的原数组
array([[0, 1, 2],
       [3, 4, 5],
       [6, 7, 8]])
>>G.transpose()            # 转置后的新数组，原先的每行元素都转为每列元素
array([[0, 3, 6],
       [1, 4, 7],
       [2, 5, 8]])
```

9．var( ) 方法

数组自带的 var( ) 方法用于计算所有元素的方差。当指定参数 axis，值为 0 时，求每列元素的方差；值为 1 时，求每行元素的方差。

中学里方差公式为

$$S^2=\frac{1}{n}[(x_1-\bar{x})^2+(x_2-\bar{x})^2+\cdots+(x_n-\bar{x})^2] \tag{6.1}$$

式中：求平均值公式为$\bar{x}=\frac{x_1+x_2+\ldots+x_n}{n}$，n 为数组求平均值的元素个数。

```
>>G
array([[0, 1, 2],
       [3, 4, 5],
       [6, 7, 8]])
>>G.var()                              # 求数组所有元素的方差
6.666666666666667
>>G.var(axis=0)                        # 求每列元素的方差
array([6., 6., 6.])
>>G.var(axis=1)                        # 求每行元素的方差
array([0.66666667, 0.66666667, 0.66666667])
```

10．std( )方法

数组自带的 std( ) 方法用于计算所有元素的标准差。当指定参数 axis，值为 0 时，求每列元素的标准差；当值为 1 时，求每行元素的标准差。标准差的公式为

$$S = \sqrt{S^2} \tag{6.2}$$

在上例代码执行的基础上，求 G 数组的标准差。

```
>>G.std()                                    # 求数组所有元素的标准差
2.581988897471611
>>G.std(axis=0)                              # 求每列元素的标准差
array([2.44948974, 2.44948974, 2.44948974])
>>G.std(axis=1)                              # 求每行元素的标准差
array([0.81649658, 0.81649658, 0.81649658])
```

6.3.4　[案例]把三酷猫照片旋转 90°

学了数组的自带方法，三酷猫决定把它的黑白照片旋转 90°。

代码文件：6_3_2_T_Photo.py

```
# -*- coding: utf-8 -*-
"""
Created on Thu May 26 21:16:22 2022
三酷猫把黑白照旋转 90°
@author: 三酷猫
"""
import matplotlib.pyplot as plt
img=plt.imread(r'G:\study\picture\cat2.png')
                                        # 读取指定路径下的 PNG 图片
fig=plt.figure(2,figsize=(1.5,1))
plt.title('Gray Cat!')
img_r2 = img[:,:,2]                     # 取单通道 b 通道数值
img_r3=img_r2.transpose()               #90°转置
plt.imshow(img_r3,plt.cm.gray)          # 显示灰度图 ,gray 为灰度颜色
print(img_r3.shape)                     # 获取伪彩色图片数组大小
```

代码执行如下：

```
(344, 279)
```

旋转 90° 的照片如图 6.6 所示，可以与图 6.5 进行对比。

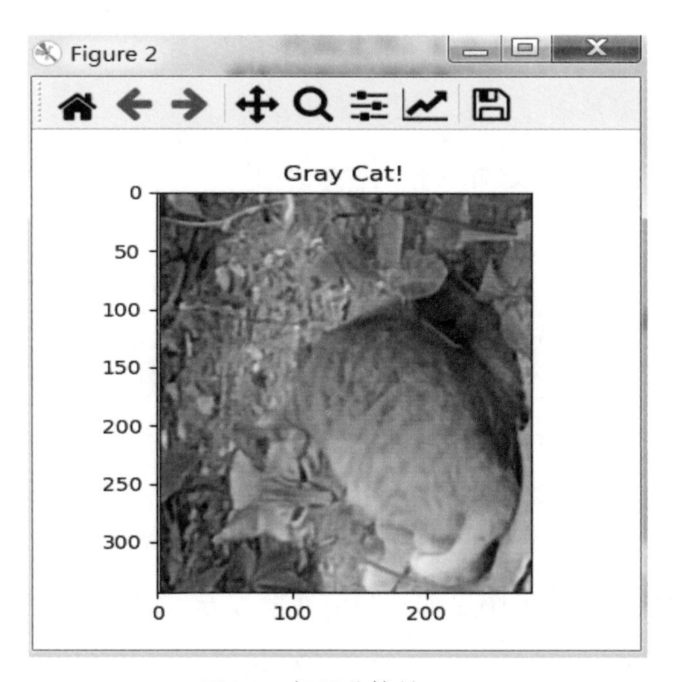

图6.6　把照片旋转90°

6.4　数据统计

三酷猫水果店每天、每月、每季、每年都需要统计各种水果的销售量、销售额，看看哪些水果销售较好，哪些水果销售较差。于是他决定用数组和 matplotlib 库函数的结合，用条形图、饼状图、散点图来直观统计。

6.4.1　条形图

matplotlib 库提供的 bar( ) 函数，用于绘制指定数组的条形图。

三酷猫水果店 2022 年西瓜销售数量如表 6.1 所示。

表 6.1　2022 年西瓜销售数量

月份	销售数量 / 个
1	23
2	200
3	230
4	308
5	460
6	709
7	608
8	120
9	123
10	12
11	2
12	30

三酷猫想通过条形图更加直观地比较表 6.1 每个月销售数量的情况，看看哪些月份销售较好，哪些月份销售较差。

代码文件：6_4_1_bar.py

```
# -*- coding: utf-8 -*-
"""
Created on Sat May 28 12:02:34 2022
三酷猫用条形图统计水果店 2022 年水果销售数量
@author: 三酷猫
"""
import matplotlib.pyplot as plt
import numpy as np
plt.rc('font', family='simhei', size=15)# 设置中文显示、字体大小
plt.rc('axes', unicode_minus=False)   # 该参数解决负号显示的问题
c=['1月','2月','3月','4月','5月','6月','7月','8月',
'9月','10月','11月','12月']   #x 轴刻度中文标签
x=np.arange(len(c))*0.8              #x 轴刻度数，条形基座中间 x 位置数
sales=np.array([23,200,230,308,460,709,608,120,123,12,2,30])
                                     # 竖轴 y 高度，代表销售数量
```

```
b1=plt.bar(x, height=sales, width=0.2, alpha=0.8,
 color='blue', label=" 西瓜 ")       # 绘制代表西瓜数量的蓝色条形图
plt.title(' 三酷猫水果店 2022 年西瓜销售统计 ')
plt.legend()                         # 显示图例（西瓜）
#plt.ylim(0, 40)
plt.ylabel(" 个数 ")                  # 设置 y 轴的标签
plt.xticks([index + 0.2 for index in x],c)  # 设置 x 轴的一个标签
plt.xlabel("2022 年西瓜销售月份 ")    # 设置 x 轴的另一个标签
for r1 in b1:                        # 获取条形图对象
    height=r1.get_height()           # 得到条形图高度
    plt.text(r1.get_x()+r1.get_width()/2,
 height+1,str(height), ha="center", va="bottom")
                                     # 设置条形图顶值
```

上述代码执行结果如图 6.7 所示，通过其条形图高低的对比，很容易可以看出 6 月西瓜销售数量最多，11 月销售量最少。

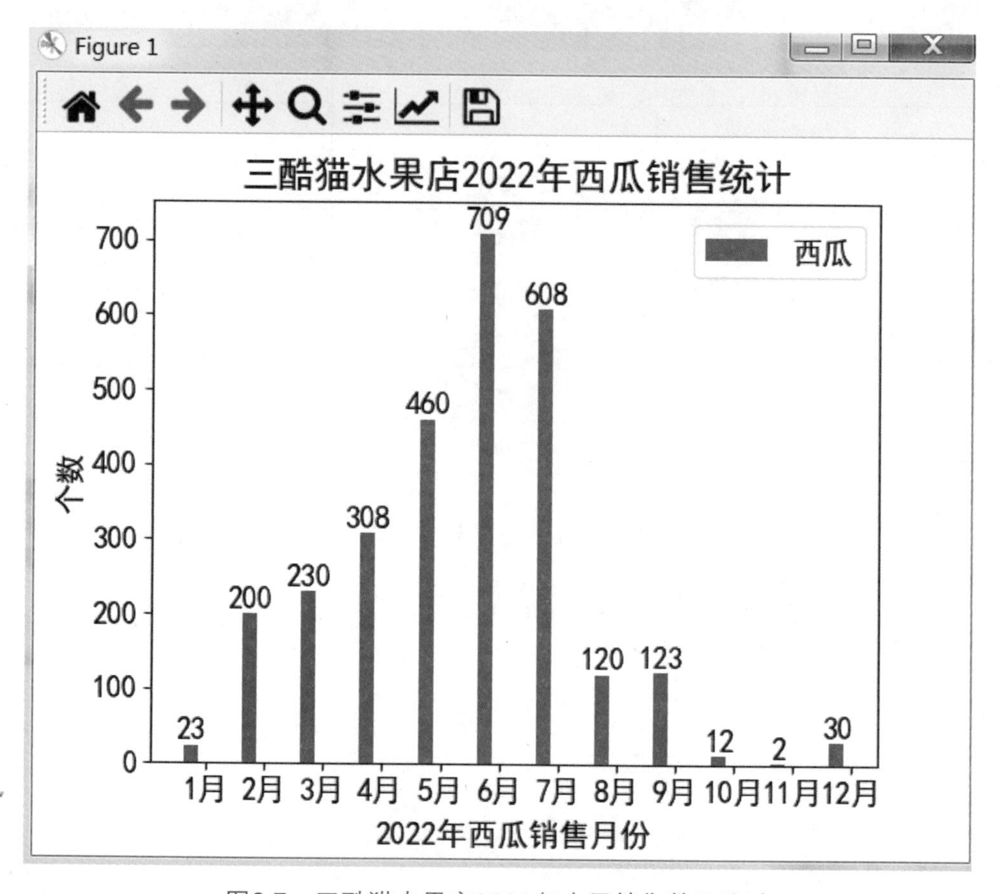

图6.7　三酷猫水果店2022年水果销售数量统计

用 matplotlib 库的函数 bar( ) 设置 x、y 轴数据时，其对应的元素个数必须一样，否则计算机报错。后续 pie( )、scatter( )、plot( ) 等都存在类似问题。

6.4.2 饼状图

matplotlib 库提供的 pie( ) 函数，用于绘制指定数组的饼状图。

三酷猫水果店某一天水果销售记录如表 6.2 所示。

表 6.2 某一天水果销售数量

序号	品名	销售数量 / 个
1	苹果	29
2	西瓜	120
3	香蕉	35
4	桃子	68
5	火龙果	23
6	芒果	35
7	榴莲	0
8	柚子	2

三酷猫希望通过饼状图了解表 6.2 销售数量的占比，看看哪些水果销售好，哪些水果滞销，其代码如下：

代码文件：6_4_2_pie.py

```
# -*- coding: utf-8 -*-
"""
Created on Sat May 28 12:28:06 2022
三酷猫水果店一天水果销售数量占比
@author: 三酷猫
```

```
"""
import matplotlib.pyplot as plt
import numpy as np
plt.rc('font', family='simhei', size=15)
label =('苹果','西瓜','香蕉','桃子','火龙果','芒果','榴莲',
    '柚子')                                  # 指定标签内容
color =('red','orange','yellow','green','blue','
    brown','pink','black')     # 指定饼切片的颜色
sales=np.array([29,120,35,68,23,35,0,2])      # 指定水果销售数量
explode = (0,1,0,0,0,0,0,0)   # 指定西瓜饼切片突出显示
                               # 绘饼状图
pie=plt.pie(sales,colors=color,explode=explode,labels=
label,shadow=True,autopct='%1.1f%%')
plt.title(u'三酷猫水果店一天销售数量占比')
plt.axis('equal')              # 设置绘图区域 x、y 刻度轴相等
plt.legend()                   # 产生图例
plt.show()
```

上述代码执行结果如图 6.8 所示。

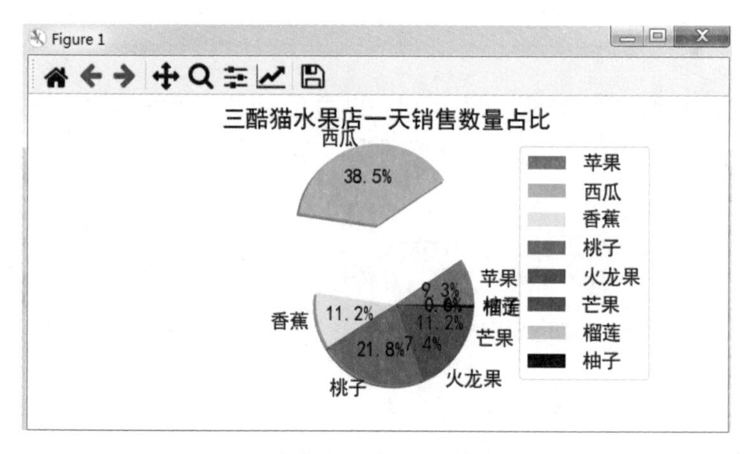

图6.8　三酷猫水果店一天销售数量占比

6.4.3　散点图

matplotlib 库提供的 scatter( ) 函数，用于绘制指定数组的散点图。

三酷猫水果店某一天从早上 9 点到晚上 9 点，西瓜销售数量随着时间的变化而变化情况如表 6.3 所示。

表 6.3　某一天西瓜销售数量随时间变化情况

时间点 / 点	销售数量 / 个
9	5
10	27
11	28
12	7
13	1
14	3
15	13
16	21
17	12
18	15
19	20
20	16
21	8

三酷猫想通过散点图了解表 6.3 的西瓜销售在时间段的分布特点，其代码如下：

代码文件：6_4_3_scatter.py

```
# -*- coding: utf-8 -*-
"""
Created on Sat May 28 20:43:01 2022
用散点图统计西瓜一天在不同时段的销售情况
@author: 三酷猫
"""
import numpy as np
import matplotlib.pyplot as plt
fig=plt.figure(figsize=(8,6))
X=np.arange(9,22)             #x 轴显示早上 9 点到晚上 9 点的时间刻度
Y=np.array([5,27,28,7,1,3,13,21,12,15,20,16,8]) #y 轴显示销售数量
plt.title('三酷猫水果店某一天西瓜销售散点图')
plt.ylabel("销售个数")                              #设置 y 轴的标签
plt.xlabel("小时点刻度（早上 9 点到晚上 9 点）")    #设置 x 轴的标签
```

```
plt.scatter(X,Y,color='green',marker='o',
          s=32*Y,edgecolor='black',alpha=0.5)
                                   # 绘制散点图，参数 s 用于设置每个圆点大小
plt.show()                                    # 显示绘制结果
```

上述代码执行结果如图 6.9 所示。从该图可以发现这一天销售的几个特点：

（1）早上 10 到 11 点期间，发生了 1 小时内西瓜销售量最大的两个高峰期，在图 6.9 中表现为最大的两个绿圆点；

（2）下午 3 点到晚上 8 点，销售量比较集中，在图 6.9 中表现为绿色圆点集中最多。

由此，三酷猫可以根据这一天的销售散点图来安排第二天的西瓜上架数量。

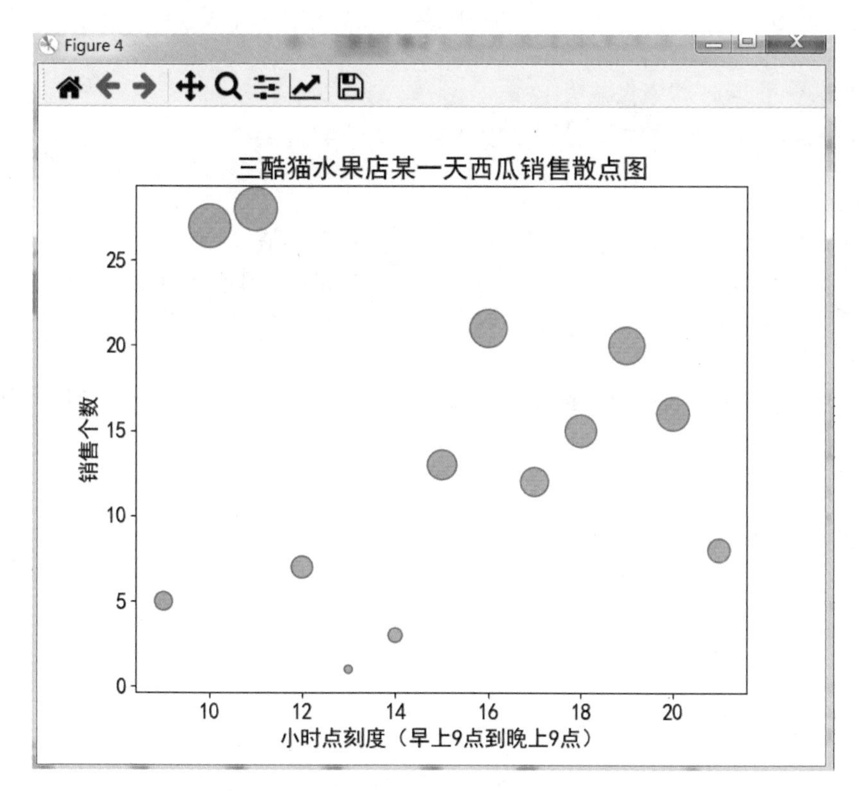

图6.9　三酷猫水果店某一天西瓜销售散点图

6.5 [案例]三酷猫对照片进行再加工

利用前面所学的数组运算方法，三酷猫决定进一步尝试加工自己的照片。

1. 对照片元素做减法运算

代码文件：6_5_testPhoto.py

```
# -*- coding: utf-8 -*-
"""
Created on Sun May 29 07:32:19 2022
三酷猫深加工照片，对像素前 3 个通道做减法运算
@author: 三酷猫
"""
import matplotlib.pyplot as plt
plt.rc('font', family='simhei', size=15)# 设置中文显示、字体大小
fig=plt.figure(1,figsize=(1.5,1))
plt.title('像素做减法！')
img=plt.imread(r'G:\study\picture\cat1.png')
                                        # 读取指定路径下的 PNG 图片
m=img.mean()                            # 求均值
print('照片均值：',m)                    # 打印均值
img_one=img-[m-0.2,m-0.2,m-0.2,0]       # 像素前 3 个通道都减去均值（-0.2）
plt.imshow(img_one)                     # 显示像素做减法后的照片 1
```

上述代码执行结果如图 6.10 所示，与原始照片相比，照片颜色变深。均值输出如下：

```
照片均值： 0.64710057
```

图6.10　对像素做减法运算后的结果

2. 对照片元素做乘法运算

代码文件：6_5_testPhoto1.py

```
# -*- coding: utf-8 -*-
"""
Created on Sun May 29 07:32:19 2022
三酷猫深加工照片，对照片做乘法运算
@author: 三酷猫
"""
import matplotlib.pyplot as plt
img=plt.imread(r'G:\study\picture\cat1.png')
                                        # 读取指定路径下的 PNG 图片
plt.rc('font', family='simhei', size=15)
                                        # 设置中文显示、字体大小
fig=plt.figure(1,figsize=(1.5,1))
plt.title(' 照片做乘法运算 ')
img_two=img*[2,1,2,1]                   # 像素 4 个通道都进行数组元素相乘运算
plt.imshow(img_two)                     # 显示像素乘法后的照片 2
```

上述代码执行结果如图 6.11 所示。由于前 1（红）、3（蓝）通道都乘以了 2，所以 1、3 通道颜色增强，照片以显示红蓝色为主。

图6.11　对像素做乘法运算后的结果

3. 对照片元素做比较设置运算

代码文件：6_5_testPhoto2.py

```
# -*- coding: utf-8 -*-
"""
Created on Sun May 29 07:32:19 2022
三酷猫深加工照片，比较设置后的照片
@author: 三酷猫
"""
import matplotlib.pyplot as plt
import numpy as np
img=plt.imread(r'G:\study\picture\cat1.png')
                                        # 读取指定路径下的 PNG 图片
plt.rc('font', family='simhei', size=15)
                                        # 设置中文显示、字体大小
fig=plt.figure(1,figsize=(1.5,1))
plt.title('照片元素比较并赋值')
img_four=np.where(img<0.9, 0, img)
                                        # 把数组里像素值小于 0.9 的设置为 0
```

```
plt.imshow(img_four)                          # 显示比较设置后的第 4 张照片
print('',img_four.shape)
img1=img_four[:,:,0:3]                        # 去掉像素第 4 通道透明度数值
new=[]
sub=[]
img1=img1[800:1200,250:750,:]
    # 处理完整的一张彩色照片内存会溢出，计算机会报错，所以截取部分照片
print(img1.shape)
i=0
for one in img1:
    if one.any():
        for two in one:
            if two.any():
                sub.append(list(two))
        new.append(sub)
        i+=1
        if i>10:
     # 为了防止出现 MemoryError 错误，这里仅获取前 11 个像素
            break
localData=np.array(new)
print('获取的前 11 个非 0 像素的数组的大小',localData.shape)
print('打印截取后的数组：',localData)
```

处理后的照片如图 6.12 所示，上述代码执行输出结果如下：

```
(1706, 1280, 4)
(400, 500, 3)
获取的前 11 个非 0 像素的数组的大小 (11, 52, 3)
打印截取后的数组： [[[0.9019608  0.          0.        ]
  [0.9254902  0.          0.        ]
  [0.94509804 0.          0.        ]
  ...
  [0.90588236 0.          0.        ]
  [0.9019608  0.          0.        ]
  [0.90588236 0.          0.        ]]
 [[0.9019608  0.          0.        ]
  [0.9254902  0.          0.        ]
  [0.94509804 0.          0.        ]
  ...]]
 [[0.9019608  0.          0.        ]
  [0.9254902  0.          0.        ]
  [0.94509804 0.          0.        ]
  ...
```

```
 [0.90588236 0.         0.         ]
 [0.9019608  0.         0.         ]
 [0.90588236 0.         0.         ]]]
```

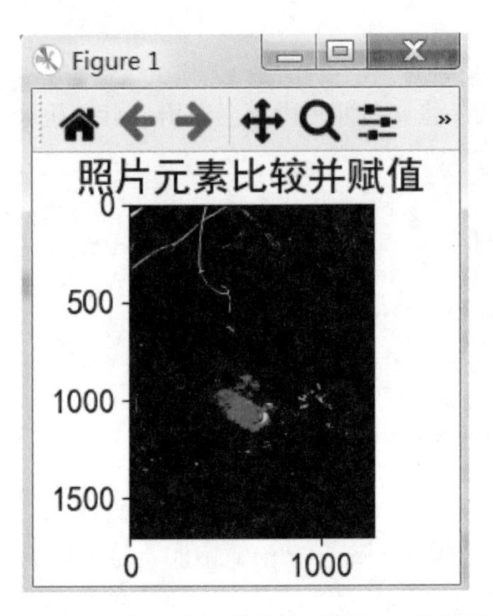

图6.12　照片元素比较并赋值后的处理结果

通过对小于 0.9 的像素值赋予 0，可以使显示的照片内容聚焦于像素不小于 0.9 的细节。图 6.12 的主要细节是暖色调的猫咪。

6.6　练习和实验

1．填空题

（1）numpy 库提供的（　　）的数据集合参数可以是列表、元组、集合、字典等。

（2）二维数组增加元素，也需要采用对接方法，可以分为（　　）、（　　）两种对接方式。

（3）numpy 库自带的（　　）函数实现两个数组之间的垂直对接。

（4）numpy 库自带的（　　）函数实现两个数组之间的水平对接。

（5）numpy 库的（　　）函数生成指定的 n 个等分样本数据。

2. 判断题

（1）numpy 库支持创建一维、二维、三维、四维……的数组。（　）

（2）numpy 库创建的数组元素不能通过下标方法进行修改。（　）

（3）二维数组元素需要通过 np.delete( ) 函数进行删除，只能整列或整行删除。（　）

（4）numpy 库的 zeros( ) 函数生成元素都为 1 的数组。（　）

（5）numpy 库的 full( ) 函数生成指定数值的数组。（　）

1. 实验一

用自定义函数求二维数组的均值、方差、标准差：

（1）均值、方差、标准差分别自定义函数；

（2）不能使用 numpy 库自带方法；

（3）打印输出；

（4）把代码保存为 ArrayCode1.py 文件。

2. 实验二

对于三酷猫照片，采用乘法、取余、求幂方式进行处理。

（1）对于不同的方式，分别采用 matplotlib 显示；

（2）打印输出处理后照片的数据；

（3）把代码保存为 ArrayCode2.py 文件。

第七章

美妙的线条

这个世界很多事物由线条构成，身体的曲线、海岸线、房子的边角线、扇子弧线、长城城墙垛的折线等。从理论上来说，任何线条都可以通过数字绘制出来。在 matplotlib 库里，绘制线条是其中的一项基本功能。通过对绘制线条的了解，可以加深读者对数字与线条之间关系的理解。

7.1 直线

这里通过 matplotlib 库把线条绘制出来。

7.1.1 绘制直线

matplotlib 库的 pyplot 子库提供了 plot() 函数，可用于绘制直线。

1. plot( ) 函数的参数使用说明

（1）第一对参数主要接收（x,y）坐标值，其中 x 代表 x 坐标值，y 代表 y 坐标值；坐标值可以是标量，x、y 也可以是元组、列表、数组的值对；可以省略 y 值，该函数默认坐标值 x=y。

（2）color，可选参数，设置线条的颜色，如 color='blue'，部分颜色值可以用首字母代替，如 color='b'。

（3）marker，可选参数，设置线条点型，如 marker='o'。

（4）linestyle，可选参数，设置线条风格，如 linestyle='dashed' 表示线条为虚线。

（5）linewidth，可选参数，设置线宽，如 linewidth=2。

（6）markersize，可选参数，指定图标大小，如 markersize=12。

说明

color、marker、linestyle 的值，可以通过以下两种方法获取：

（1）使用帮助函数 help(plt.plot)；

（2）在网络上搜索"matplotlib 参数名"，如"matplotlib color"。

2. 绘制横向直线

用 matplot.pyplot 子库里的 plot( ) 函数绘制四条不同风格的横向直线。

代码文件：7_1_1_line.py

```
# -*- coding: utf-8 -*-
"""
Created on Sun May 29 20:09:24 2022
绘制不同风格的横向直线
@author: 三酷猫
"""
import matplotlib.pyplot as plt
import numpy as np
plt.rc('font', family='simhei', size=15)
                                # 设置中文显示、字体大小
plt.title('绘制四条长为 10 的横向直线')
fig=plt.figure(1,figsize=(1.5,1))
X=np.arange(0,11)               #x 坐标值
Y=np.ones(11)*9                 #y 坐标值
```

```
plt.xlabel("x 坐标 ")
plt.ylabel("y 坐标 ")
plt.plot(X,Y, color='blue')         # 根据 X、Y 提供的坐标绘制横向直线
plt.plot(X,Y-2, color='orange',marker='o') # 绘制橘色实圆点横向直线
plt.plot(X,Y-4, color='green',linestyle='-.')
                                    # 绘制绿色点画线横向直线
plt.plot(X,Y-6,'r*',markersize='10')
                                 # 绘制五角星，虚线 r 为红色，p 为五角星
plt.show()
```

上述代码用于绘制四条横向直线，最上面一条为蓝色横向直线，第二条为橘色实圆点横向直线，第三条为绿色点画线横向直线，第四条为红色五角星虚线，显示效果如图 7.1 所示。

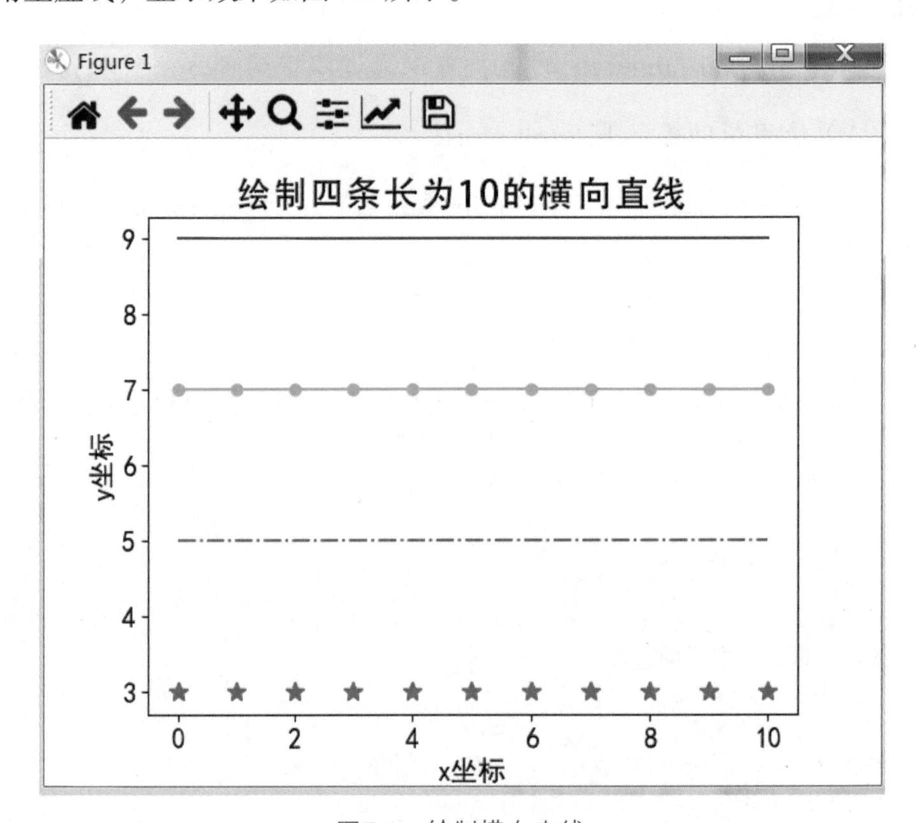

图7.1　绘制横向直线

3．绘制竖向直线

用 plot( ) 函数绘制一条竖向直线。

代码文件：7_1_1_line1.py

```
# -*- coding: utf-8 -*-
"""
Created on Sun May 29 20:09:24 2022
绘制一条竖向直线
@author: 三酷猫
"""
import matplotlib.pyplot as plt
import numpy as np
plt.rc('font', family='simhei', size=15)# 设置中文显示、字体大小
plt.title('绘制一条竖向直线')
fig=plt.figure(1,figsize=(1.5,1))
X=np.ones(11)*9                                    # x 坐标值
Y=np.arange(0,11)                                  # y 坐标值

plt.xlabel("x 坐标")
plt.ylabel("y 坐标")
plt.plot(X,Y, color='blue')          # 根据 X、Y 提供的坐标绘制竖向直线
plt.show()
```

上述代码用于绘制一条竖向直线，其结果如图 7.2 所示。

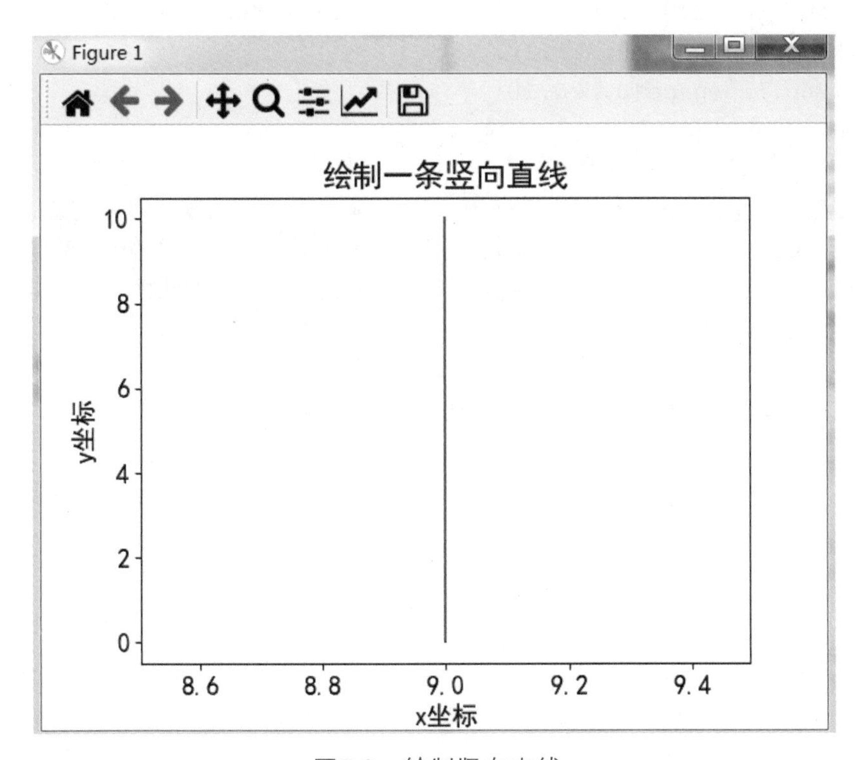

图7.2　绘制竖向直线

7.1.2 斜线

利用 matplotlib.pyplot 子库里的 plot( ) 函数，可以绘制任意角度的斜线。例如，在绘图区域绘制三条不同颜色的斜线。

代码文件：7_1_1_line2.py

```
# -*- coding: utf-8 -*-
"""
Created on Sun May 29 20:09:24 2022
绘制三条不同颜色的斜线
@author: 三酷猫
"""
import matplotlib.pyplot as plt
import numpy as np
plt.rc('font', family='simhei', size=15)# 设置中文显示、字体大小
plt.title('绘制三条斜线')
fig=plt.figure(1,figsize=(1.5,1))
X=np.arange(1,11)                       # x 坐标值
Y=np.arange(0,10)                       # y 坐标值
Y1=np.linspace(0, 15,10)
Y2=np.linspace(0, 20,10)
plt.xlabel("x 坐标")
plt.ylabel("y 坐标")
plt.plot(X,Y, color='blue')           # 根据 X、Y 提供的坐标绘制斜线
plt.plot(X,Y1, color='green')         # 根据 X、Y1 提供的坐标绘制斜线
plt.plot(X,Y2, color='red')           # 根据 X、Y2 提供的坐标绘制斜线
plt.show()
```

上述代码用于绘制斜线，其结果如图 7.3 所示。

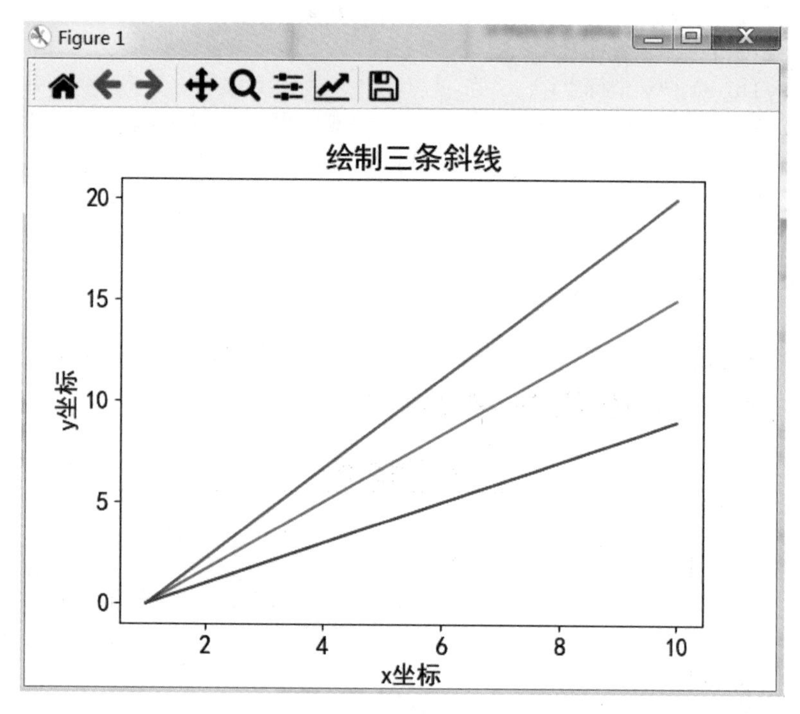

图7.3　绘制斜线

7.1.3　相交线

利用 matplotlib 库的 pyplot 子库里 plot( ) 函数绘制相交线。

代码文件：7_1_3_cross_line.py

```
# -*- coding: utf-8 -*-
"""
Created on Sun May 29 20:09:24 2022
绘制相交线
@author: 三酷猫
"""
import matplotlib.pyplot as plt
import numpy as np
plt.rc('font', family='simhei', size=15)# 设置中文显示、字体大小
plt.title('绘制相交线')
fig=plt.figure(1,figsize=(1.5,1))
X=np.arange(1,11)                                    # x 坐标值
Y=np.arange(1,11)                                    # y 坐标值
Y1=np.flipud(np.arange(1,11))
```

```
plt.xlabel("x 坐标 ")
plt.ylabel("y 坐标 ")
plt.plot(X,Y, color='blue')          # 根据 X、Y 提供的坐标绘制斜线
plt.plot(X,Y1, color='green')        # 根据 X、Y1 提供的坐标绘制斜线
plt.show()
```

上述代码用于绘制相交线，其结果如图 7.4 所示。

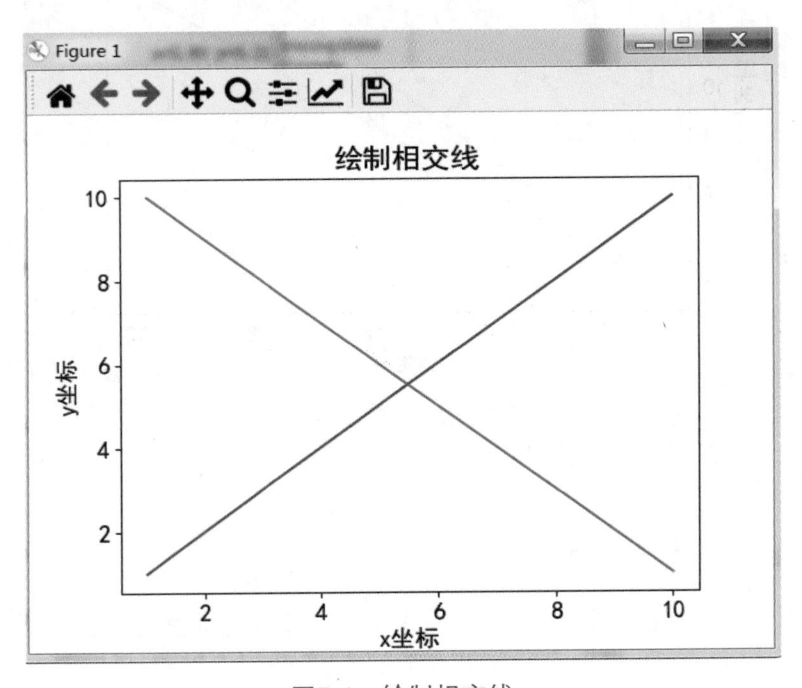

图7.4　绘制相交线

7.2　曲线

matplotlib 库的 plot( ) 函数，可以绘制各种各样的曲线。

7.2.1　正弦曲线

利用 numpy 库的正弦函数 sin( ) 产生 y 坐标值，利用 matplotlib 库的 plot( ) 函数绘制正弦曲线。

代码文件：7_2_1_sin.py

```
# -*- coding: utf-8 -*-
"""
Created on Mon May 30 18:29:39 2022
绘制正弦曲线
@author: 三酷猫
"""
import numpy as np
import matplotlib.pyplot as plt
X=np.linspace(-np.pi, np.pi, 60)      # 提供 x 坐标值
S=np.sin(X)                           # 提供 y 坐标值
plt.plot(X,S)                           # 绘制 sin 曲线①
ax=plt.gca()# 获取当前 axes 类实例 ,gca 英文全称为 get current axes
ax.spines['right'].set_color('none')
            # 用 spines 设置颜色值为 none，把右刻度线隐掉
ax.spines['top'].set_color('none')
            # 用 spines 设置颜色值为 none，把顶刻度线隐掉
ax.xaxis.set_ticks_position('bottom')
            # 把 x 轴刻度线位置设置为 bottom
ax.spines['bottom'].set_position(('data',0))
            # 把底部的刻度线设置到数据区域的 0 位置
ax.yaxis.set_ticks_position('left') # 把 y 刻度线位置设置为 left
ax.spines['left'].set_position(('data',0))
            # 把左部的刻度线设置到数据区域的 0 位置
print('正弦函数生成的 y 坐标值：',S)
plt.show()    # 显示带坐标的正弦曲线。
```

执行代码，输出的正弦函数生成的 y 坐标值如下所示：

```
正弦函数生成的 y 坐标值：
[-1.22464680e-16 -1.06293486e-01 -2.11382624e-01 -3.14076712e-01
 -4.13212186e-01 -5.07665800e-01 -5.96367359e-01 -6.78311836e-01
 -7.52570770e-01 -8.18302776e-01 -8.74763085e-01 -9.21311978e-01
 -9.57422038e-01 -9.82684125e-01 -9.96812007e-01 -9.99645611e-01
 -9.91152831e-01 -9.71429893e-01 -9.40700267e-01 -8.99312130e-01
 -8.47734428e-01 -7.86551556e-01 -7.16456740e-01 -6.38244184e-01
 -5.52800065e-01 -4.61092501e-01 -3.64160575e-01 -2.63102564e-01
 -1.59063496e-01 -5.32221748e-02  5.32221748e-02  1.59063496e-01
  2.63102564e-01  3.64160575e-01  4.61092501e-01  5.52800065e-01
  6.38244184e-01  7.16456740e-01  7.86551556e-01  8.47734428e-01
```

```
    8.99312130e-01  9.40700267e-01  9.71429893e-01  9.91152831e-01
    9.99645611e-01  9.96812007e-01  9.82684125e-01  9.57422038e-01
    9.21311978e-01  8.74763085e-01  8.18302776e-01  7.52570770e-01
    6.78311836e-01  5.96367359e-01  5.07665800e-01  4.13212186e-01
    3.14076712e-01  2.11382624e-01  1.06293486e-01  1.22464680e-16]
```

对应正弦曲线图如图 7.5 所示。

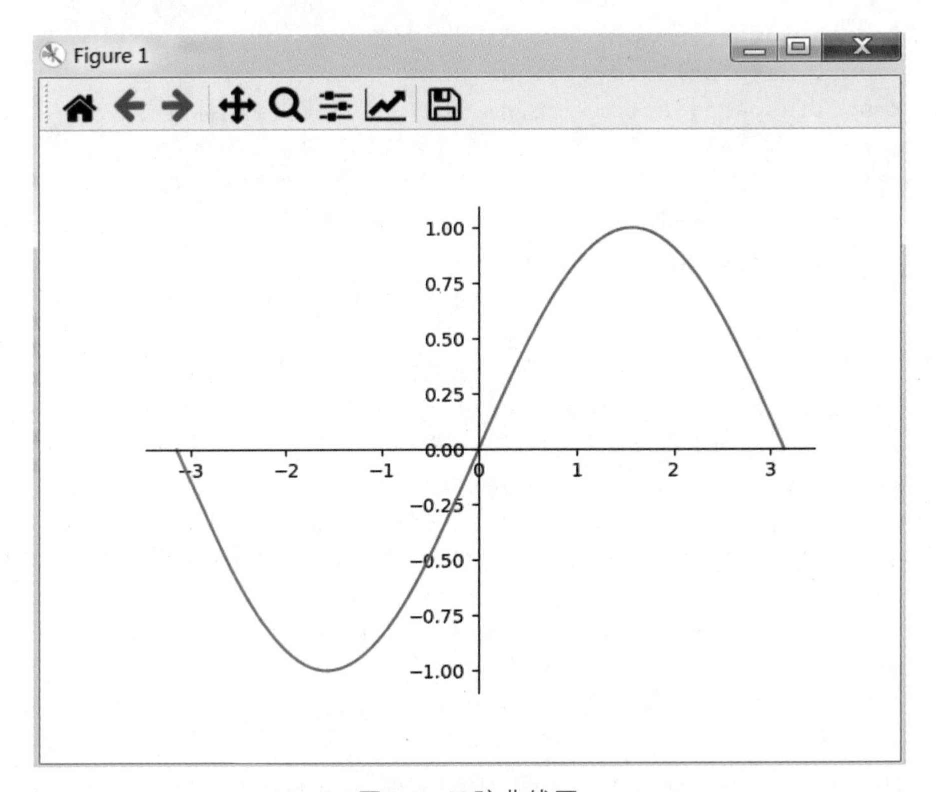

图7.5　正弦曲线图

在上例代码的①行下插入如下代码，就可以生成如图 7.6 所示的正弦曲线。

```
S1 =np.sin(1+2*X)                  # 提供带位移和相位角的 y 坐标值
plt.plot(X,S1,color='red')         # 绘制带位移和相位角的正弦曲线
```

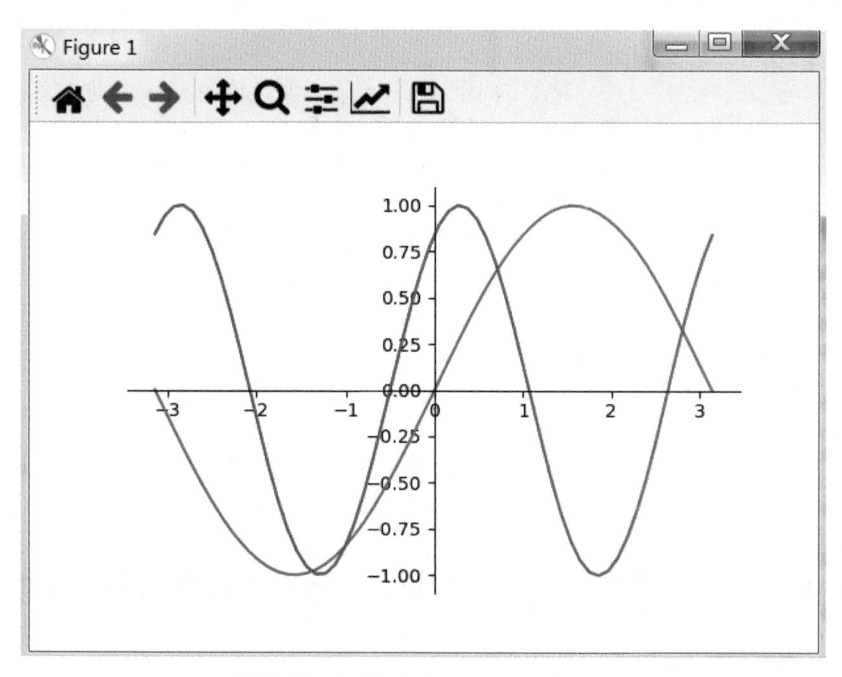

图7.6　带位移和相位角变化的正弦曲线（红线）

7.2.2　余弦曲线

利用 numpy 库的余弦函数 cos( ) 产生 y 坐标值，利用 matplotlib 库的 plot( ) 函数绘制余弦曲线。

代码文件：7_2_2_cos.py

```
"""
Created on Mon May 30 18:29:39 2022
绘制余弦曲线
@author: 三酷猫
"""
import numpy as np
import matplotlib.pyplot as plt
X=np.linspace(-np.pi, np.pi, 60) # 提供 x 坐标值
S=np.cos(X)                      # 提供 y 坐标值
plt.plot(X,S,color='black')      # 绘制余弦曲线
S1=np.cos(1+2*X)                 # 提供带位移和相位角的 y 坐标值
plt.plot(X,S1,color='blue')      # 绘制带位移和相位角的余弦曲线
ax= plt.gca() # 获取当前 axes 类实例 ,gca 英文全称为 get current axes
```

```
ax.spines['right'].set_color('none')
                              # 用 spines 设置颜色值为 none，把右刻度线隐掉
ax.spines['top'].set_color('none')
                              # 用 spines 设置颜色值为 none，把顶刻度线隐掉
ax.xaxis.set_ticks_position('bottom')
                              # 把 x 轴刻度线位置设置为 bottom
ax.spines['bottom'].set_position(('data',0))
                              # 把底部的刻度线设置到数据区域的 0 位置
ax.yaxis.set_ticks_position('left')
                              # 把 y 轴刻度线位置设置为 left
ax.spines['left'].set_position(('data',0))
                              # 把左部的刻度线设置到数据区域的 0 位置
plt.show()                    # 显示带坐标的余弦曲线。
```

执行上述代码后生成两条余弦曲线，其中蓝色的为带位移和相位角余弦曲线，执行结果如图 7.7 所示。

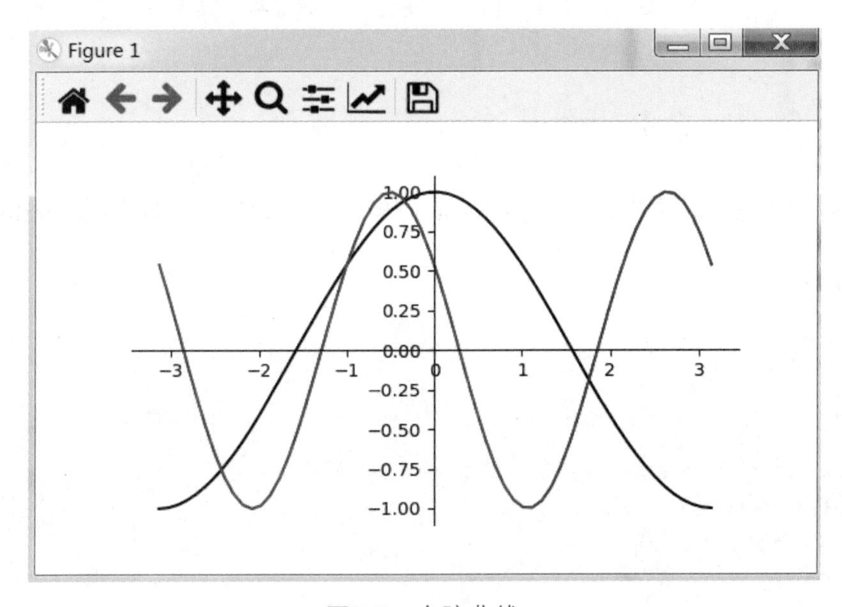

图7.7　余弦曲线

7.2.3　一元二次曲线

我们可以把一元二次方程用曲线形式表示出来，通过每个 x 坐标值就可以找到对应 y 坐标值。用 plot( ) 函数绘制 $y=x^2+5x+3$ 方程的曲线，其代

码实现如下：

代码文件：7_2_3_line2.py

```
# -*- coding: utf-8 -*-
"""
Created on Mon May 30 18:29:39 2022
绘制 y=x**2+5x+3 方程的曲线
@author: 三酷猫
"""
import numpy as np
import matplotlib.pyplot as plt
X=np.linspace(-np.pi, np.pi, 60)            # 提供 x 坐标值
Y=X**2+5*X+3                                # 提供 y 坐标值
plt.plot(X,Y,color='green')                 # 绘制一元二次曲线
plt.title('Y=x**2+5*x+3')
plt.show()                                  # 显示曲线
```

上述代码执行结果如图 7.8 所示。

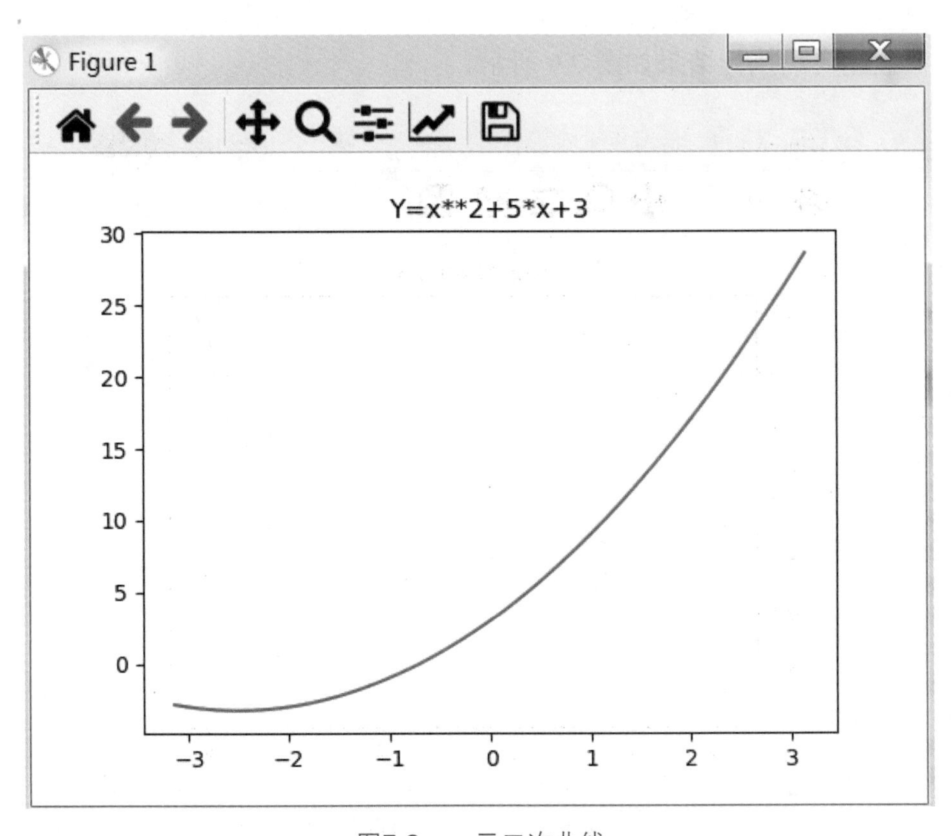

图7.8　一元二次曲线

7.2.4　一元三次曲线

我们可以利用 plot() 函数绘制一元三次曲线，其代码示例如下：

代码文件：7_2_4_line3.py

```
# -*- coding: utf-8 -*-
"""
Created on Mon May 30 18:29:39 2022
绘制 y=x**3+0.5x-3 方程曲线
@author: 三酷猫
"""
import numpy as np
import matplotlib.pyplot as plt
X = np.linspace(-np.pi, np.pi, 60)      # 提供 x 坐标值
Y = X**3+0.5*X-3                        # 提供 y 坐标值
plt.plot(X,Y,color='green')             # 绘制一元三次曲线
plt.title('Y=x**3+0.5*x-3')
plt.show()                              # 显示曲线
```

上述代码执行结果如图 7.9 所示。

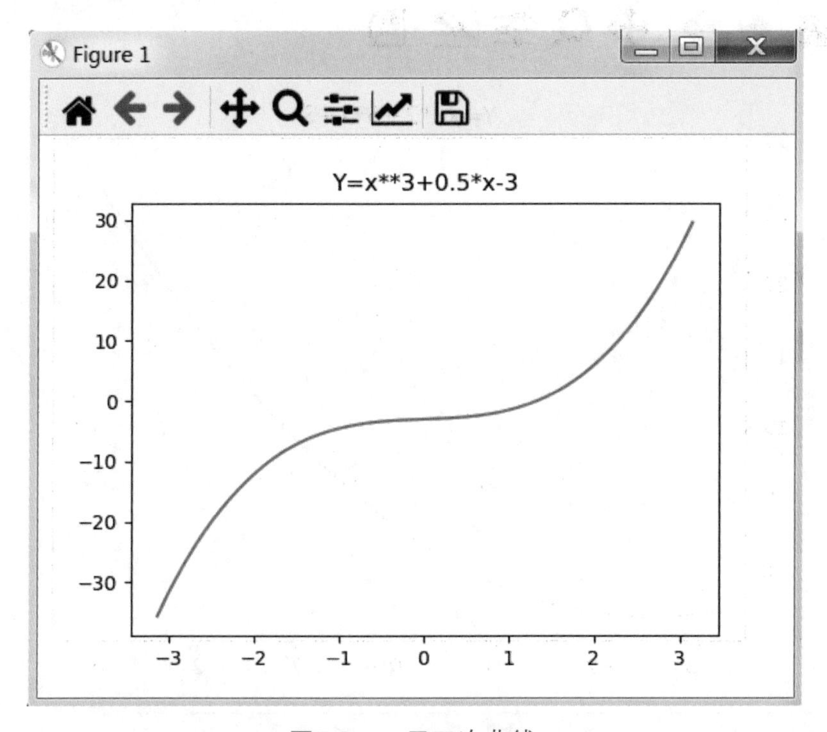

图7.9　一元三次曲线

7.2.5　正态分布曲线

正态分布曲线[①]（Normal Distribution Curve）反映了随机变量的分布规律。理论上的正态分布曲线是一条中间高、两端逐渐下降且完全对称的钟形曲线，如图 7.10 所示。在现实生活中，正态分布的现象很多，如学生考试成绩，大多数人总成绩居于钟形曲线的中间位置（分值居中），少数人总成绩居于钟形曲线的右边位置（分值较高），少数人总成绩居于钟形曲线的左边位置（分值较低）；又如吃饭速度，少数人吃饭很快，大多数人吃饭速度一般，少数人吃饭速度很慢。

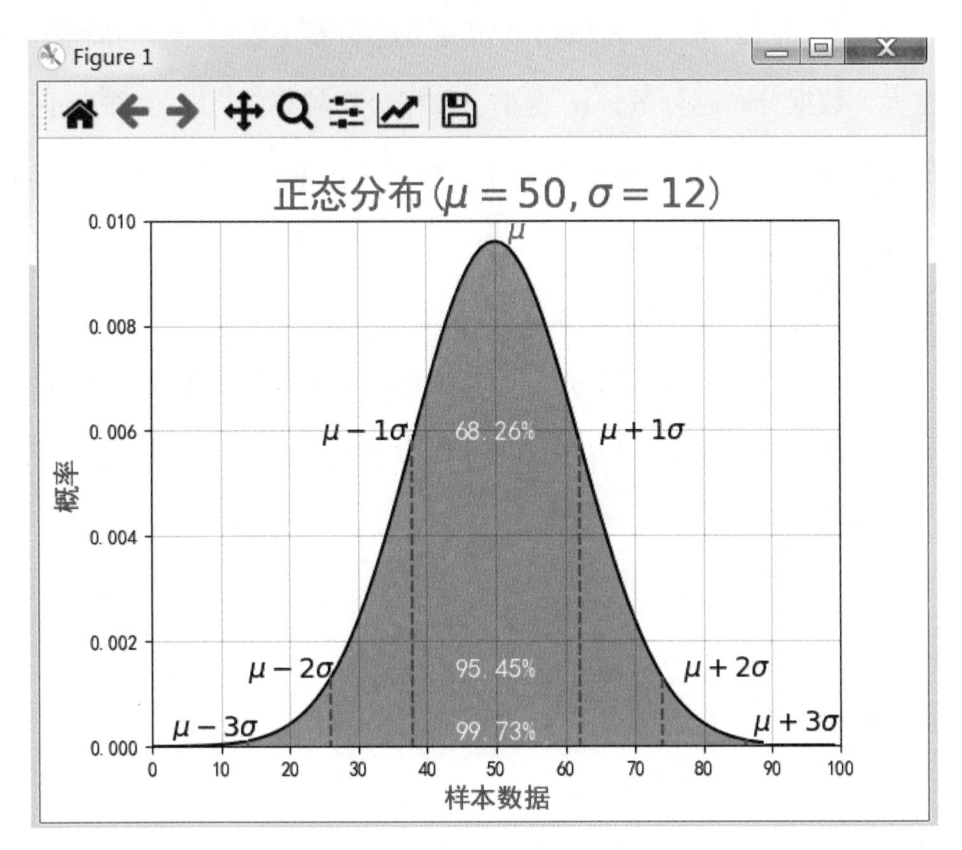

图7.10　正态分布曲线图（均值）

① 别名：高斯分布曲线、钟形曲线。

正态分布是高中时的数学知识，数学上对正态分布的定义[①]为：正态分布是一种概率分布，正态分布是具有两个参数 μ 和 σ^2 的连续型随机变量的分布，第一个参数 μ 是遵从正态分布的随机变量的均值，第二个参数 σ^2 是此随机变量的标准差。

μ 读作 miu（发音：谬），是正态分布的位置参数，描述正态分布的集中趋势位置。概率规律为：取与 μ 越近的值的概率越大，而取离 μ 越远的值的概率越小。正态分布以 x=μ 为对称轴，左右完全对称。正态分布的期望、均数、中位数、众数相同，均等于 μ 。

σ 读作 sigma（发音：西格玛），描述正态分布中数据分布的离散程度，σ 越大，数据分布越分散；σ 越小，数据分布越集中。σ 也称为正态分布的形状参数，σ 越大，曲线越扁平；反之，σ 越小，曲线越瘦高。

正态分布数学公式为

$$f(x) = \frac{1}{\sqrt{2\pi\sigma}}\exp\left(-\frac{(x-\mu)^2}{2\sigma^2}\right) \tag{7.1}$$

式（7.1）的 exp 为自然常数 e[②]，在 numpy 库里可以用 np.e 表示。

利用 matplotlib 绘制式（7.1）的正态分布曲线，其代码如下：

代码文件：7_2_5_Normal.py

```
# -*- coding: utf-8 -*-
"""
Created on Sat Jun 11 22:23:47 2022
绘制正态分布曲线
@author: 三酷猫
"""
import math
```

① 张乐成, 景宇. 用统计试验法计算连续型随机变量分布函数及计算机程序[J]. 中国卫生统计, 2011, 28(2):202-202。

② 自然常数，符号e，为一个常数，是一个无限不循环小数，且为超越数，其值约为2.718281828459045。它也是自然对数函数的底。

```
import matplotlib.pyplot as plt
import numpy as np
def normal_dis(x, mu=50, sigma=5):              # 正态分布公式函数
    '''
    x 为输入的随机数，这里用 0 到 100 代替
    μ 为数学均值，这里用 50 代替，默认值
    σ 为标准差，这里用 12 代替，默认值
    '''
    k=1.0/math.sqrt(2*math.pi*sigma)
    return k/sigma*math.exp(-(x-mu)*(x-mu)/(2*sigma*sigma))

plt.rcParams['font.sans-serif']=['SimHei']
                                            # 用于正常显示中文标签
plt.rcParams['axes.unicode_minus']=False # 用于正常显示负号
mu, sigma=50, 12
xs=np.arange(100)                           # 生成 x 轴数据
ys=[normal_dis(x, mu, sigma) for x in xs]
                    # 从 xs 一个个读取 x 坐标数据，循环生成 y 坐标值
print(ys)                                   # 以列表形式输出 y 坐标值
plt.plot(xs, ys, color='black')             # 绘制钟形曲线
plt.fill_between(xs, ys, 0, alpha=0.7, color='g')
                                            # 用绿色填充钟形区域

# 绘制 sigma 区域的虚线，区间 (μ-σ, μ+σ), (μ-2σ, μ+2σ), (μ-3σ, μ+3σ)
percents=['68.26%', '95.45%', '99.73%']# 给出三个区间的概率数
for i in range(1, 4):
                                 # 计算中间三个区间连线的两端坐标
    x1=mu-sigma*i
    x2=mu+sigma*i
    y1=normal_dis(x1, mu, sigma)
    y2=normal_dis(x2, mu, sigma)
                                 # 绘制四条虚线，代表不同的 sigma 区域
    plt.plot([x1, x1], [y1, 0],'b--')
    plt.plot([x2, x2], [y1, 0],'b--')
                                 # 绘制相应的区间边界表示字符
    plt.text(x1-12, y1, f"$\mu-{i}\sigma$", fontsize=14)
                                 # 左边界
    plt.text(x2+3, y1, f"$\mu+{i}\sigma$", fontsize=14)
                                 # 右边界
    plt.text((x1+x2)/2-6, y1, percents[i-1], fontsize=14,
 color='w')                      # 白色概率数

plt.text(mu,normal_dis(mu, mu, sigma)+0.0002, '$\mu$',
fontsize=14,color='blue')
```

```
                                    # 设置顶端 mu 字符
plt.title('正态分布 ($\mu=50, \sigma=12$)',fontsize=20,,
color='blue')                       # 设置标题和字号
plt.xlabel('样本数据',fontsize=14,color='blue')
                                    # 设置 x 轴标签及其字号
plt.ylabel('概率',fontsize=14,color='blue')
                                        # 设置 y 轴标签及其字号
plt.xlim(0, 100)                        # 设置 x 轴的刻度范围为 0 至 100
plt.xticks(range(0, 110, 10))           # 设置 x 轴线的刻度数
plt.grid(color='black', alpha=0.2)# 设置绘图区域网格线
plt.show()
```

执行上述代码，绘制的正态分布曲线如图 7.10 所示。

在实际样本数据统计情况下，事先需要计算出 μ、σ 的值，再求正态分布曲线。本案例直接给定了 μ=50, σ=12, 样本数为 0 到 100，求其在 68.26%、95.45%、99.73% 三个概率区间的分布情况。

在实际情况下，往往通过数据库或数据文件提供样本数据。

7.3 折线

除了直线、曲线，折线也是生活中经常见到的一类线条。

7.3.1 方波

城墙上的墙垛是典型的方波折线，数字电路里数字信号存在方波折线现象。这里用 plot() 函数来绘制方波折线，其代码示例如下：

代码文件：7_3_1_square.py

```
# -*- coding: utf-8 -*-
"""
Created on Mon May 30 18:29:39 2022
```

```
绘制方波折线
@author: 三酷猫
"""
import numpy as np
import matplotlib.pyplot as plt
X=np.array([0,1,1,2,2,3,3,4,4,5,5,6])      # 提供 x 坐标值
Y=np.array([0,0,1,1,0,0,1,1,0,0,1,1])      # 提供 y 坐标值
print('X',X)
print('Y',Y)
plt.plot(X,Y,color='green')                 # 绘制方波折线
plt.rc('font', family='simhei', size=15)# 设置中文显示、字体大小
plt.title('绘制方波折线')
plt.show()                                   # 显示方波折线
```

上述代码执行结果如图 7.11 所示。

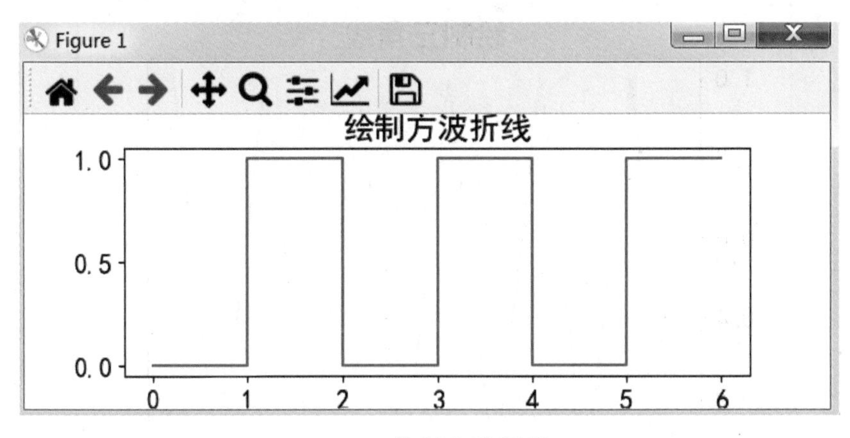

7.11　绘制方波折线

7.3.2　三角线

通过 matplotlib 库的 pyplot 子库里的 plot( ) 绘制不同形状的三角线。如绘制地震波的记录线、心电图的记录线等。绘制三角线代码示例如下：

代码文件：7_3_2_Triangles.py

```
# -*- coding: utf-8 -*-
"""
Created on Mon May 30 18:29:39 2022
绘制三角线
@author: 三酷猫
```

```
"""
import numpy as np
import matplotlib.pyplot as plt
plt.rc('font', family='simhei', size=15)# 设置中文显示、字体大小
plt.title('绘制三角线')
X=np.arange(12)                          # 提供 x 坐标值
Y=X%2                                    # 提供 y 坐标值
plt.plot(X,Y,color='green')              # 绘制三角线
plt.show()                               # 显示三角线
```

上述代码执行结果如图 7.12 所示。

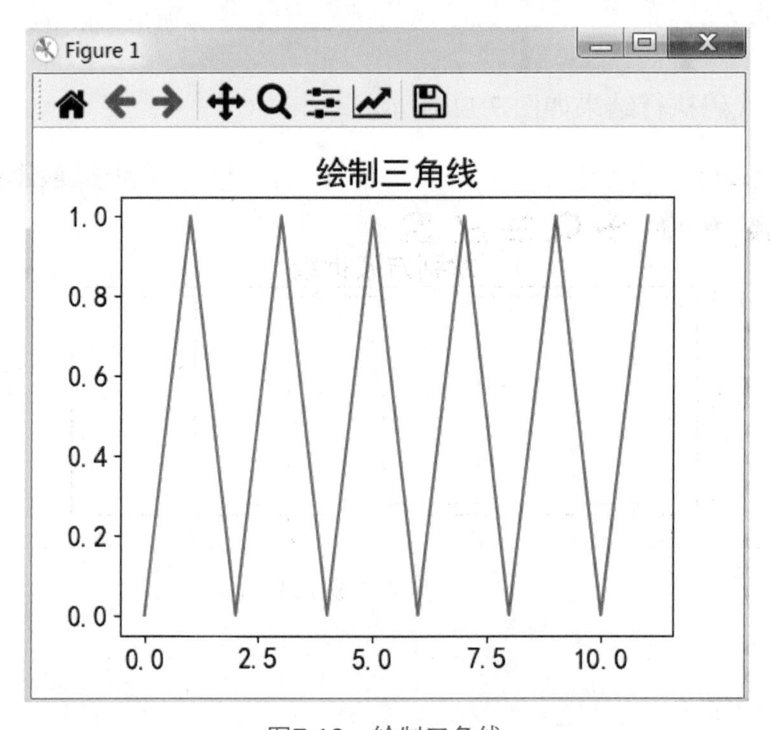

图7.12　绘制三角线

7.4　闭合线

闭合线是指线条围成一个没有缝隙的平面的线圈，这样的线圈可以是圆、椭圆、矩形、平行四边形、三角形等。matplotlib 库为此提供了对应的绘制函数。

7.4.1　圆

matplotlib库的pyplot子库提供的Circle()函数用于绘制不同风格的圆。该函数的主要参数使用方法如下：

（1）xy=(x,y)用于指定圆心坐标，必选参数，如xy=(10,10)；

（2）radius用于指定半径长度，必选参数，如radius=5；

（3）alpha用于指定透明度，可选参数，如alpha=0.5；

（4）color用于指定圆边线颜色，可选参数，如color='r'；

（5）fill用于指定是否填充颜色，可选参数，如果fill=True，则填充颜色。

用Circle()函数绘制3个圆，其代码示例如下：

代码文件：7_4_1_Circle.py

```
# -*- coding: utf-8 -*-
"""
Created on Mon May 30 18:29:39 2022
绘制圆
@author: 三酷猫
"""
import numpy as np
import matplotlib.pyplot as plt

ax=plt.gca()
plt.axis('equal')                                    # 设置x、y坐标刻度相等
ax.set_xlim((-1.5, 1.5))                             # 设置x轴的刻度范围
ax.set_ylim((-1.5, 1.5))                             # 设置y轴的刻度范围
c1=plt.Circle((0, 0), 1, color='g',fill=False)   # 绘制绿色的圆
ax.add_artist(c1)
c2=plt.Circle((0.3, 0.3),0.58, color='y',fill=False)
                                                     # 绘制黄色的圆
ax.add_artist(c2)
c3=plt.Circle((0.5, 0.5),0.3, color='pink',fill=True)
                                                     # 绘制洋红色填充的圆
ax.add_artist(c3)
plt.show()                                           # 显示圆
```

上述代码执行结果如图 7.13 所示。

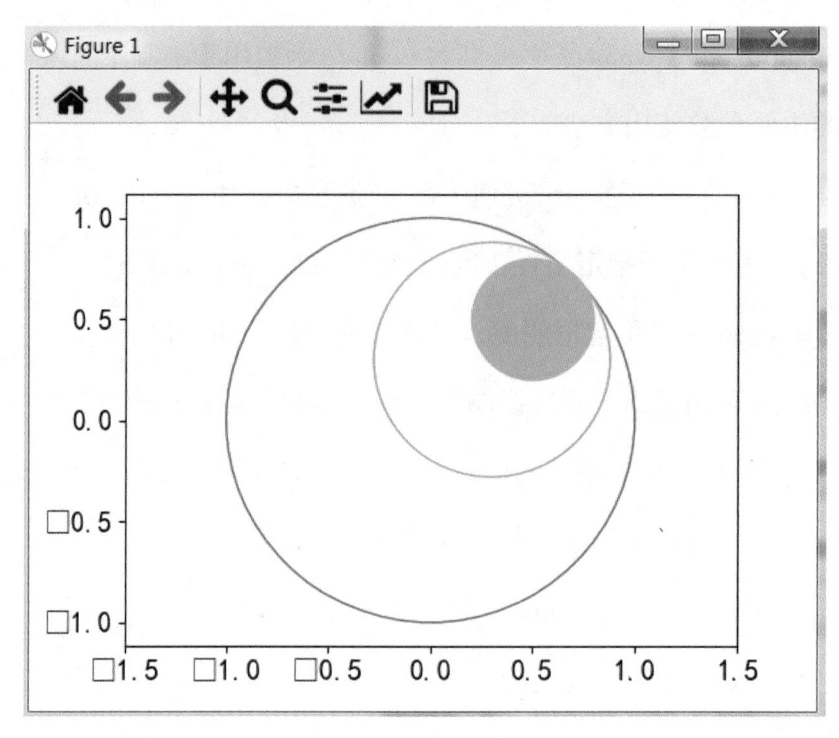

图7.13 绘制3个圆

7.4.2 椭圆

matplotlib 库的 pyplot 子库提供的 Ellipse( ) 函数用于绘制不同风格的椭圆。该函数的主要参数使用方法如下：

（1）xy 用于设置椭圆圆心坐标 (x,y)，如 xy=(3,3)；

（2）width 用于设置椭圆的 x 轴向直径，如 width=3；

（3）height 设置椭圆的 y 轴向直径，如 height=5；

（4）angle 设置以 xy 坐标为基点逆时针方向旋转指定的角度（默认为 0.0），单位符号为°，如 angle=30；

（5）alpha 用于设置透明度，可选参数，如 alpha=0.5；

（6）color 用于设置圆边线颜色，可选参数，如 color='r'；

（7）fill 用于设置是否填充颜色，可选参数，如果 fill=True，则填充颜色。

用 Ellipse() 绘制 4 个叠加在一起的不同角度的椭圆，其代码如下：

代码文件：7_4_2_Ellipse.py

```
# -*- coding: utf-8 -*-
"""
Created on Mon May 30 18:29:39 2022
绘制椭圆
@author: 三酷猫
"""

import matplotlib.pyplot as plt
from matplotlib.patches import Ellipse
ax=plt.gca()
plt.axis('equal')
ax.set_xlim((-6, 6))
ax.set_ylim((-6, 6))
c1=Ellipse(xy=(0,0), width=1.5, height=5, angle=90,
    color='plum',fill=False)
ax.add_artist(c1)
c2=Ellipse(xy=(0,0), width=1.5, height=5, angle=45,
    color='blue',fill=False)
ax.add_artist(c2)
c3=Ellipse(xy=(0,0), width=1.5, height=5, angle=0,
    color='cyan',fill=False)
ax.add_artist(c3)
c4=Ellipse(xy=(0,0), width=1.5, height=5, angle=135,
    color='seagreen',fill=False)
ax.add_artist(c4)
plt.show()                                          # 显示 4 个椭圆
```

上述代码，都以坐标（0,0）为椭圆圆心、x 轴向直径为 1.5、y 轴向直径为 5，逆时针角度分别为 0°、45°、90°、135°，而绘制的 4 个椭圆，其显示效果如图 7.14 所示。

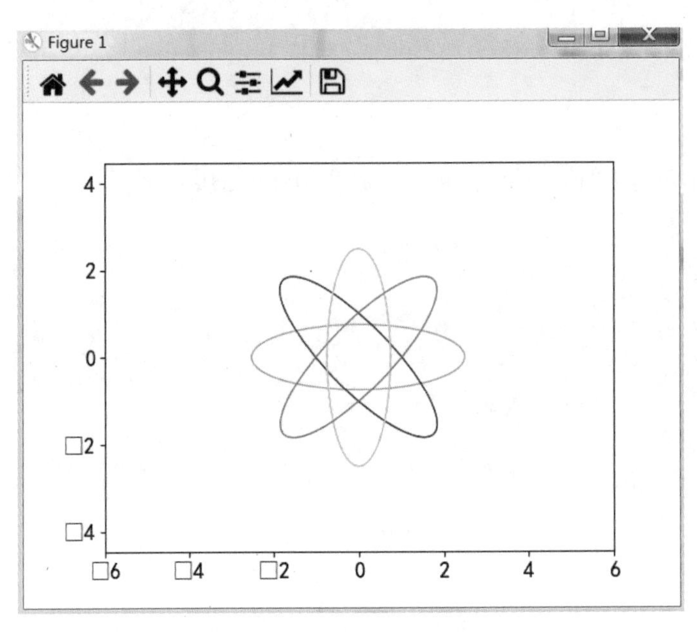

图7.14　绘制4个椭圆

7.4.3　矩形

matplotlib 库的 pyplot 子库提供的 Rectangle( ) 函数用于绘制不同风格的矩形。该函数的主要参数使用方法如下：

（1）xy 用于设置左侧、底部的矩形绘制坐标，用元组表示 (x,y)，浮点型；

（2）width 用于设置矩形的宽度，浮点型；

（3）height 用于设置矩形的高度，浮点型；

（4）angle 用于设置以 xy 坐标为基点逆时针方向旋转指定的角度（默认为 0.0），单位符号为°；

（5）alpha 用于设置透明度，可选参数，如 alpha=0.5；

（6）color 用于设置圆边线颜色，可选参数，如 color='r'；

（7）linewidth 用于设置线的宽度，可选参数，如果 linewidth=5；

（8）fill 用于设置是否填充颜色，可选参数，如果 fill=True，则填充颜色。

用 Rectangle( ) 函数绘制一个矩形，其代码如下：

代码文件：7_4_3_Rectangle.py

```
# -*- coding: utf-8 -*-
"""
Created on Mon May 30 18:29:39 2022
绘制矩形
@author: 三酷猫
"""
import matplotlib.pyplot as plt
from matplotlib.patches import Rectangle
plt.rc('font', family='simhei', size=15)# 设置中文显示、字体大小
plt.title(' 矩形 ')
ax=plt.gca()
plt.axis('equal')
ax.set_xlim((0, 15))
ax.set_ylim((0, 15))
c1=Rectangle(xy=(6,6), width=3, height=6, angle=0,linewidth=
5,color='magenta',fill=False)
ax.add_artist(c1)
plt.show()                                      # 显示 1 个矩形
```

上述代码执行结果如图 7.15 所示。

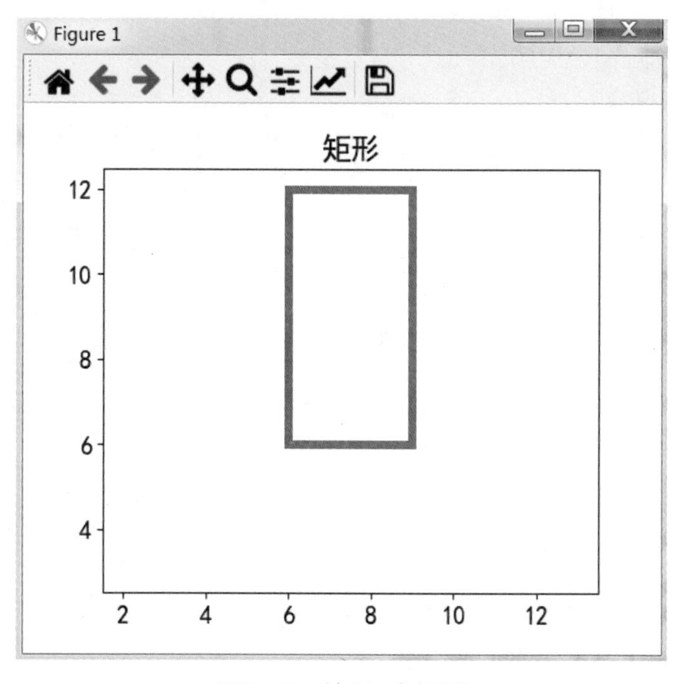

图7.15　绘制1个矩形

7.4.4 多边形

matplotlib 库的 pyplot 子库提供的 Polygon( ) 函数用于绘制不同风格的多边形。该函数的主要参数使用方法如下：

（1）xy 用于设置一个形状为 N×2 的 numpy 数组，N 为坐标数量，如三角形需要三对 (x,y) 坐标；

（2）close 用于设置是否关闭多边形，值为 False 时关闭，则起点和终点相同；

（3）其他参数，使用方法同 Rectangle( ) 函数。

用 Polygon() 函数绘制三角形、平行四边形、梯形、六边形，其代码如下：

代码文件：7_4_4_Polygon.py

```
# -*- coding: utf-8 -*-
"""
Created on Wed Jun  1 21:10:31 2022
  三角形、平行四边形、梯形、六角形
@author: 三酷猫
"""
import matplotlib.pyplot as plt
fig=plt.figure()
axes=fig.add_subplot(1,1,1)                        # 提供一个绘图子区域
axes.set_xlim((0, 1.2))
axes.set_ylim((0, 1.2))
p3=plt.Polygon([[0.15,0.15],[0.15,0.7],[0.4,0.15]],color=
    'gray',alpha=0.5)                                  # 三角形
p4=plt.Polygon([[0.45,0.15],[0.2,0.7],[0.55,0.7],
    [0.8,0.15]],color='lightgreen',alpha=0.9) # 平行四边形
p5=plt.Polygon([[0.69,0.45],[0.58,0.7],[1,0.7],[0.9,0.45]],
    color='mediumblue',alpha=0.9)                      # 梯形
p6=plt.Polygon([[0.8,0.2],[0.8,0.3],[0.9,0.4],[1,0.4],[1.1,
    0.3],[1.1,0.2],[1,0.1],[0.9,0.1]],color='mediumorchid',
    alpha=0.9)                                         # 六边形
axes.add_patch(p3)
axes.add_patch(p4)
axes.add_patch(p5)
axes.add_patch(p6)
plt.show()
```

上述代码实现了三角形、平行四边形、梯形、六边形的绘制，其结果如图 7.16 所示。

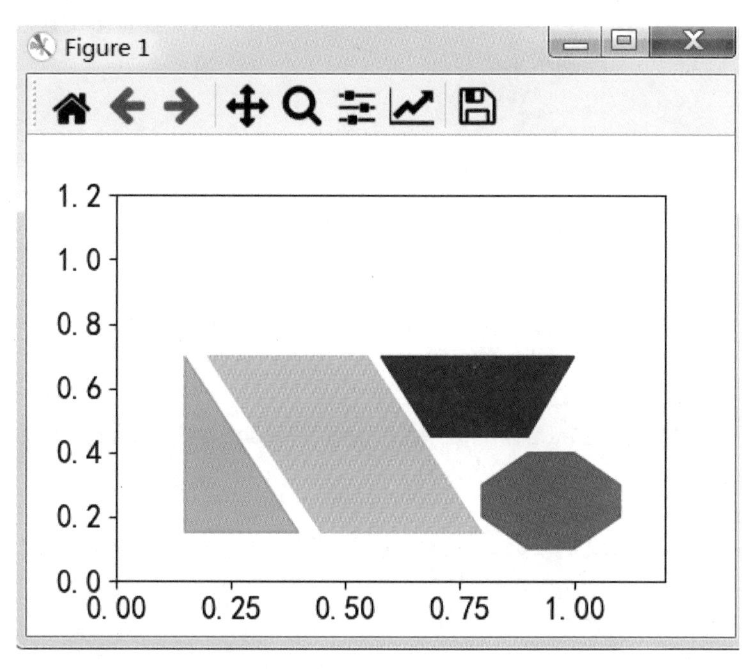

图7.16　绘制三角形、平行四边形、梯形、六边形

7.5　[案例]三酷猫绘制水果店

学了 matplotlib 库的绘图功能，三酷猫决定为他的水果店绘制平面图。要求绘制出房间的面积、水果台的摆放位置、梯形收银台的摆放位置、3 个圆凳、一进一出两个门的位置，其绘制实现如图 7.17 所示，其代码如下：

代码文件：7_5_shopArea.py

```
# -*- coding: utf-8 -*-
"""
Created on Mon May 30 18:29:39 2022
三酷猫绘制水果店平面设计图
@author: 三酷猫
```

```
"""
import matplotlib.pyplot as plt
from matplotlib.patches import Rectangle,Polygon,Circle
plt.rc('font', family='simhei', size=15)# 设置中文显示、字体大小
plt.title('三酷猫水果店布局')
ax=plt.gca()
plt.axis('equal')
plt.xlabel('米')
plt.ylabel('米')
ax.set_xlim((0, 30))
ax.set_ylim((0, 30))
c1=Rectangle(xy=(5,5), width=23, height=20,color='magenta',
    fill=False)  # 房子框架
ax.add_artist(c1)
c2=Rectangle(xy=(10,5), width=3, height=10,color='blue',
    fill=False)      # 水果台 1
ax.add_artist(c2)
c3=Rectangle(xy=(10,15), width=15, height=3,color='blue',
    fill=False)     # 水果台 2
ax.add_artist(c3)
c4=Polygon([[15,25],[23,25],[21,23],[17,23]],color='gray',
    alpha=0.9)      # 收银台
ax.add_artist(c4)
door1=Rectangle(xy=(5,6), width=0.5, height=3,color='blue',
    fill=False)    # 门 1
ax.add_artist(door1)
door2=Rectangle(xy=(23,24.5), width=3, height=0.5,color=
    'blue',fill=False) # 门 2
ax.add_artist(door2)
stool1=Circle(xy=(18,14),radius=0.5)                # 圆凳 1
ax.add_artist(stool1)
stool2=Circle(xy=(14,7),radius=0.5)                 # 圆凳 2
ax.add_artist(stool2)
stool3=Circle(xy=(25,8),radius=0.5)                 # 圆凳 3
ax.add_artist(stool3)
plt.show()                                          # 显示设计结果
```

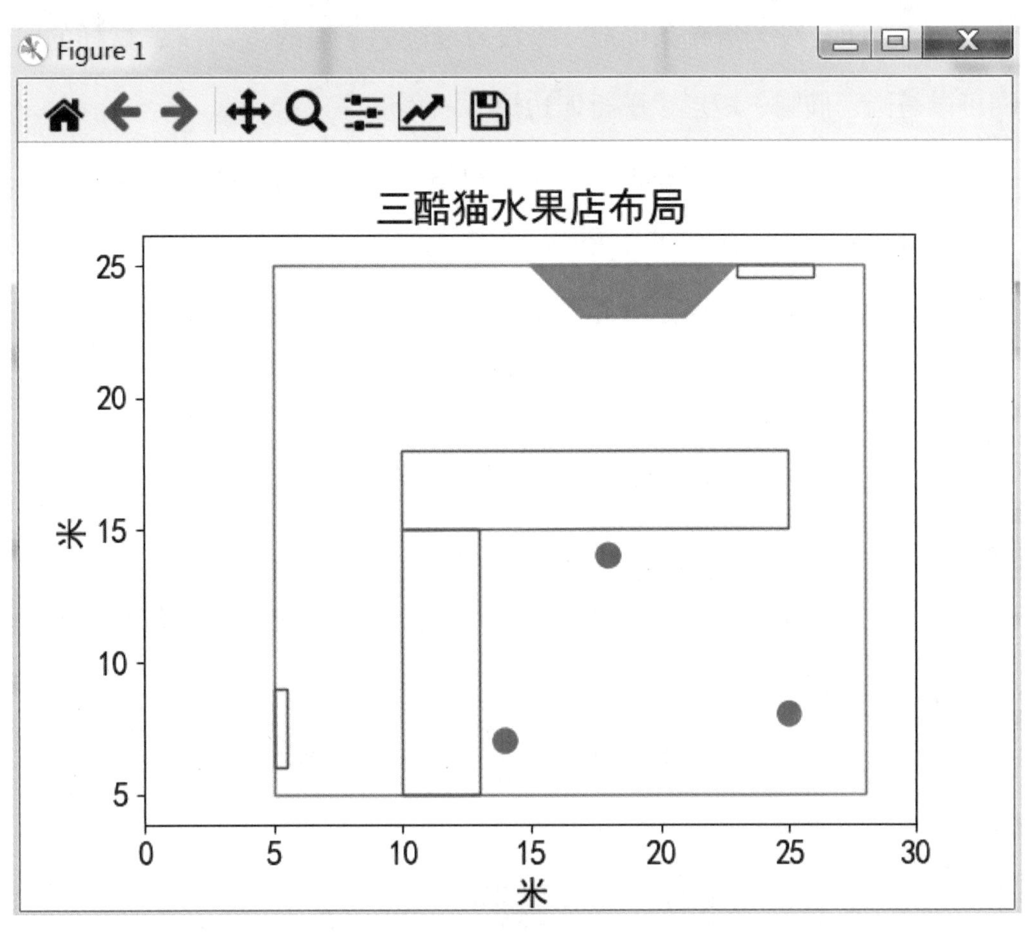

图7.17　三酷猫水果店设计平面图

7.6　练习和实验

1．填空题

（1）利用 numpy 库的正弦函数（　　）产生 y 坐标值，可以利用 matplotlib 库的 plot( ) 函数绘制正弦曲线。

（2）闭合线是指线条围成一个没有缝隙的平面的（　），这样的线圈可以是圆、椭圆、矩形、平行四边形、三角形等。

（3）matplotlib 库提供的（　）函数用于绘制不同风格的圆。

（4）matplotlib 库提供的 Ellipse( ) 函数用于绘制不同风格的（　）。

（5）matplotlib 库提供的 Rectangle( ) 函数用于绘制不同风格的（　）。

2. 判断题

（1）matplotlib 库提供的 plot( ) 函数，可以用于绘制直线、曲线、闭合线。（　）

（2）可以把一元二次方程，用曲线形式表示出来，通过每个 x 坐标值就可以找到对应 y 坐标值。（　）

（3）matplotlib 库提供的 Polygon( ) 函数用于绘制不同风格的多边形，但是不能绘制矩形。（　）

（4）fill 参数可以决定所绘制线条的颜色。（　）

（5）angle 参数可以调整矩形、椭圆等的方向。（　）

1. 实验一

用 plot( ) 函数绘制一个圆（提示：利用勾股定理求圆弧上的每一个 y 坐标值）：

（1）可以借助 np.pi;

（2）圆心为（0,0）；

（3）半径为 1;

（4）把代码保存为 Lib_7_circle.py 文件。

2．实验二

用 matplotlib 绘制一朵小红花，有 2 片绿色叶子；

（1）使用椭圆、圆形、直线等；

（2）花心用黄色；

（3）代码保存为 Lib_7_flower.py 文件。

第二篇 快乐挑战

好奇性是人类的天性，编程也是一样，如果通过编程能让自己编写有趣的动画，挑战精彩的小游戏产品，那将是一件快乐的事情。

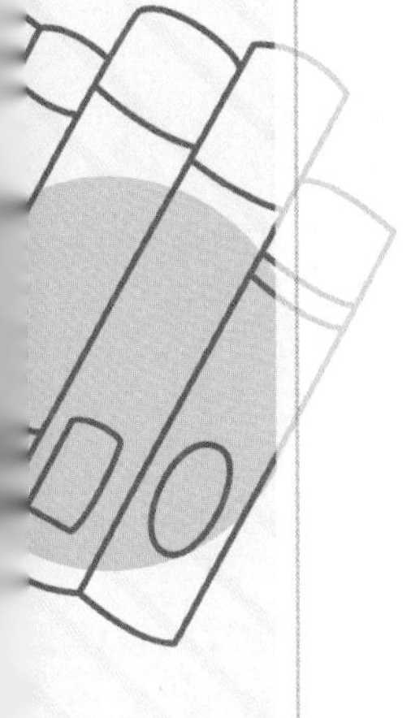

第八章 动画世界

利用 matplotlib 的 animation 库中的 FuncAnimation( ) 函数，可以让图动起来。

8.1 动画原理及动画绘制函数

经过科学家的研究，人类视觉存在暂停现象（Duration of Vision），即人眼观察物体时，在物体的反射光信号传入大脑后，在大脑中视觉形象仍然保留一段时间的现象。这种现象是由大脑视神经的反应速度造成的，其反应时间是 1/24 s。所以动画、电影利用 1/24 s 的时间间隔，每秒提供 24 帧画面，每个画面之间有细微的变化，进而使动画、电影达到动感的效果。

1. FuncAnimation( ) 函数的工作原理

FuncAnimation( ) 函数利用视觉暂停现象，采用逐帧（Frame by Frame）动画方式，通过一定时间间隔不断调用参数 func，更新一帧帧的图片，实现动画效果。

2．FuncAnimation( ) 函数主要参数使用方法

（1）fig：用于设置绘制动画的窗体 matplotlib.figure.Figure 对象，必选参数。

（2）func：设置调用每一帧的函数，必选参数；func( ) 函数采用 def func(frame, *fargs) 方式，其中该函数的第一个参数 frame 为从 func( ) 函数后面参数 frames（FuncAnimation( ) 函数的参数）传递过来的一个帧数据，新增帧的位置参数由 fargs 提供。

（3）frames：用于向 func( ) 函数的参数 frame 传递一个帧数据，其值可以是可迭代对象（iterable，如列表、元组等）、整数、生成器或 None，可选参数。如果其值为 None，相当于传递 itertools.count（从 0 开始逐步增 1 的整数值）。

（4）init_func：用于初始化帧的函数，在生成第 1 帧之前，会调用一次该函数，可选参数；如果不提供该参数，将使用 frames 参数中的第一个元素的绘制结果。

（5）interval：帧之间的间隔时间，单位为毫秒，整数，默认值为 200 毫秒，可选参数。

（6）repeat：在帧序列执行一次之后是否循环执行，布尔值，默认值为 True，可选参数。

（7）repeat_delay：当 repeat 参数设置为 True 时生效，即动画循环执行的间隔时间，单位为毫秒，默认值为 0。

8.2 [案例] 让圆点爬山坡

三酷猫想利用 FuncAnimation( ) 函数，实现一个个红色圆点往山（正弦曲线）上爬行的动画功能，其代码实现如 8_2_Cumb.py 所示。设计思

路：首先用 np.sin( ) 函数在绘图区域绘制一个正弦曲线，代表高高低低的山，然后用 xdata、ydata 列表记录红点变化的 x、y 坐标值，最后用 FuncAnimation( ) 函数把一个个红色圆点动态显示出来。运行时的效果很像一个个红色圆点在爬山。

代码文件：8_2_Climb.py

```
# -*- coding: utf-8 -*-
"""
Created on Fri Jun  3 23:30:35 2022
动画 1，让圆点爬山
@author: 三酷猫
"""
import numpy as np
import matplotlib.pyplot as plt
from matplotlib.animation import FuncAnimation# 导入绘制动画函数
fig, ax=plt.subplots()# 生成绘图窗体对象 fig 和窗体里坐标区域对象 ax
xdata, ydata=[], []  # 记录绘制过程 x,y 坐标对应的红点位置
ln,=plt.plot([], [], 'ro')
# 等号左边有个逗号，表示 ln 是接收的第一个返回值，是 plot 绘制线的数据列表
ax.set_xlim(0, 2*np.pi)            # 设置坐标 x 刻度
ax.set_ylim(-1, 1)                 # 设置坐标 y 刻度
X=np.linspace(0, 2*np.pi, 128)  # 绘制线 x 轴对应的值
Y=np.sin(X)                        # 绘制线 y 轴对应的值
plt.plot(X, Y, 'g-')         # 绘制一座正弦曲线状的山，作为动画背景
def update(frame):           #  在绘图坐标区域更新绘制 x,y 对应的数据
    xdata.append(frame)            # x 轴点位增加一个值
    ydata.append(np.sin(frame)) # y 轴点位增加一个值
    ln.set_data(xdata, ydata)
                  # 往当前绘图坐标区域的数据列表对象里增设 x,y 对应的数据
ani=FuncAnimation(fig,update,frames=X) # 通过更新函数，实现动画绘制
plt.show()
```

执行过程如图 8.1 所示，在实际运行环境下红色圆点会顺着正弦曲线状的山一点点往右边爬行。

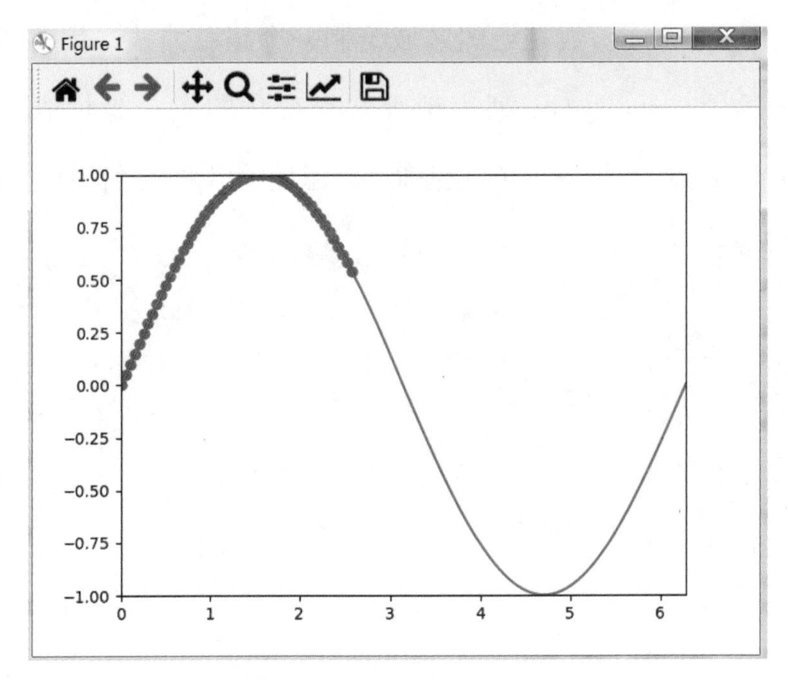

图8.1　让红色圆点爬山

8.3　[案例] 下彩色雨了

6.4.3 节利用散点函数 scatter( ) 绘制了大小不一的圆，三酷猫决定在此基础上利用 FuncAnimation( ) 函数实现动态显示大小、颜色不一样的圆，就像下彩色的雨，非常酷！主要设计思路，首先利用 np.zeros( ) 函数生成指定个数的雨滴，而且每个雨滴要记录其的 x、y 坐标，开始圆的大小，圆增量大小，4 通道颜色值四个属性；然后通过随机数改变雨滴的 x、y 坐标，圆增量大小、4 通道颜色值；最后通过 FuncAnimation( ) 函数进行绘图区域的刷新显示。

代码文件：8_3_rain.py

```
# -*- coding: utf-8 -*-
"""
Created on Tue Jun  7 21:09:58 2022
下彩色雨了
```

```
@author: 三酷猫
"""
import numpy as np
import matplotlib.pyplot as plt
from matplotlib.animation import FuncAnimation

fig=plt.figure(figsize=(7, 7))
ax=fig.add_axes([0, 0, 1, 1], frameon=False) #设置x、y坐标范围

n_drops = 50
"""
这里为每个元素提供了自定义结构的数据类型，每个点位包括位置、大小、增加量、
颜色4个属性值。第一个属性记录每个雨滴的x、y坐标；第二个属性记录雨滴的
大小，第三个属性记录雨滴变大的增加量，第四个属性记录颜色的4通道值。
若指定了50个点位，则产生50个一样4个属性的点位结构数据。每个点位里的
4个属性值都为0
"""
rain_drops=np.zeros(n_drops, dtype=[('position', float, (2,)),
                                  ('size',     float),
                                  ('growth',   float),
                                  ('color',    float, (4,))])

#初始雨滴的位置、大小
rain_drops['position']=np.random.uniform(0, 1, (n_drops, 2))
                        #随机产生一个初始雨滴坐标
rain_drops['growth']=np.random.uniform(50, 200, n_drops)
                        #雨滴的随机增加量

#用scatter()函数绘制所有雨滴，scat为所有初始雨滴的数据集合对象
#rain_drops['position'][:, 0], rain_drops['position'][:, 1]
#为雨滴提供x、y坐标
#s=rain_drops['size']为雨滴大小，初始化值为0
scat=ax.scatter(rain_drops['position'][:, 0],
    rain_drops['position'][:, 1],
s=rain_drops['size'], lw=0.5, edgecolors=rain_drops['color'],
    facecolors='none')

def update(frame_number):
       #当FuncAnimation()函数的frames参数没有提供时，则给该参数
       #提供一个从0开始增1的迭代数值
       #可以用打印输出观察print(frame_number)
    current_index=frame_number%n_drops
         #1次刷新，雨滴数控制在50个以内
```

```
    # 使所有颜色随着时间的推移更透明。颜色像素第 4 通道用于设置透明度
    rain_drops['color'][:, 3]-=1.0/len(rain_drops)
    rain_drops['color'][:, 3]=np.clip(rain_drops['color']
[:, 3], 0, 1)

    # 所有雨滴变大
    rain_drops['size']+=rain_drops['growth']

    # 产生新雨滴的位置、大小、颜色、增加量
    new_rain_p=np.random.uniform(0, 1, 2)
    # 随机产生新雨滴的 x、y 坐标，数值范围为 [0,1) 的小数，含 0 不含 1
    rain_drops['position'][current_index]=new_rain_p
                                          # 随机产生新雨滴的位置
    rain_drops['size'][current_index]=5
                                          # 固定雨滴初始大小
    rain_drops['color'][current_index]=(new_rain_p[0], new_
    rain_p[1], new_rain_p[1], 1)
    # 彩色雨
    rain_drops['growth'][current_index]=np.random.uniform(50, 200)
    # 雨滴增加量

    # 更新绘图区域雨滴的颜色、大小、位置
    scat.set_edgecolors(rain_drops['color'])# 更新所有雨滴的颜色
    scat.set_sizes(rain_drops['size'])      # 更新所有雨滴的大小
    scat.set_offsets(rain_drops['position'])# 更新所有雨滴的位置

animation=FuncAnimation(fig, update, interval=10) # 绘制动画雨
plt.show()
```

上述代码执行结果如图 8.2 所示，在实际运行环境下雨滴会不断变大，并变换下雨位置。

说明

这里关键要理解 np.zeros( ) 的新用法，通过 dtype 参数为每个元素指定自定义数据结构，用于存储雨滴的位置、大小、增加量、颜色值 4 个属性。

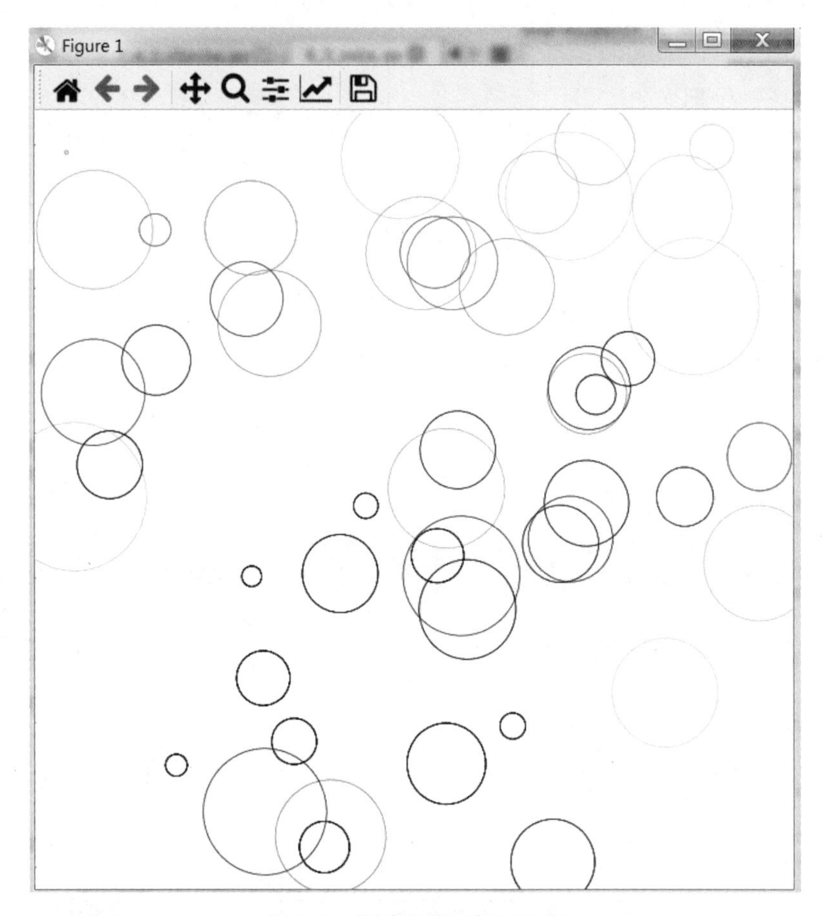

图8.2 彩色雨的动画显示

8.4 [案例]让绳子拱起来

用 np.sin( ) 函数绘制绳子，通过每刷新一次就使绳子的 y 坐标值都增大的方式，让绳子拱起来。

代码文件：8_4_rope.py

```
# -*- coding: utf-8 -*-
"""
Created on Thu Jun  9 20:26:24 2022
让绳子拱起来
@author: 三酷猫
```

```
"""
import numpy as np
import matplotlib.pyplot as plt
from matplotlib.animation import FuncAnimation

fig, ax=plt.subplots()# 生成绘图窗体对象 fig 和窗体里坐标区域对象 ax
line,=ax.plot([], [], 'g-')        # 绘制绿色绳子
ax.set_xlim(0, np.pi)
ax.set_ylim(0, 5)
ax.grid(True)                      # 绘制网格线
x=np.linspace(0,np.pi, 80)         #  绳子的 x 坐标值
def update(i):                     #i 从 0 到 99 反复循环变化
    print(i)
    y=0.05*i*np.sin(x)             #  绳子的 y 坐标值
    line.set_data(x, y)     # 刷一次，更新一次绘图区域 x、y 坐标值

anim=FuncAnimation(fig, update,100, interval=100) # 绘制动画
plt.show()
```

上述代码执行结果如图 8.3 所示，在实际运行环境下绳子会慢慢地拱起来。

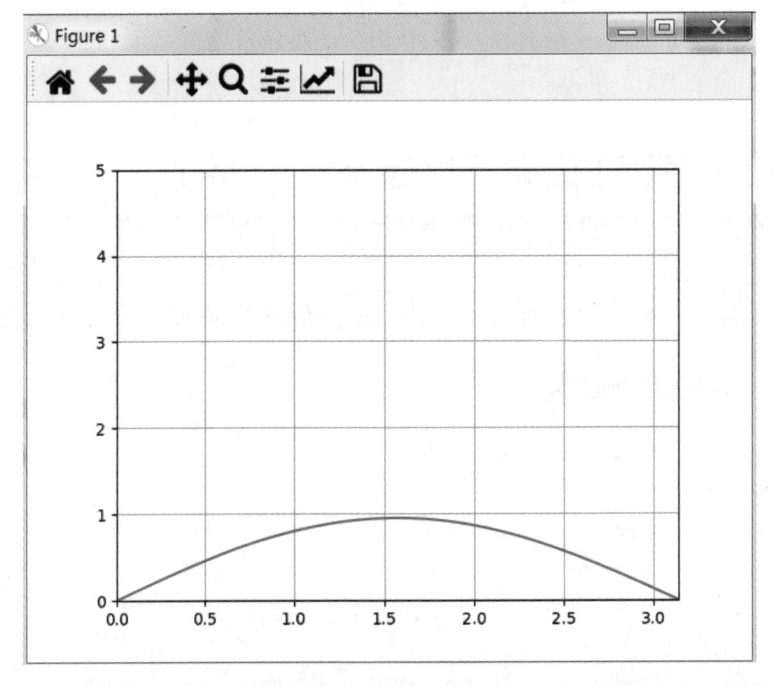

图8.3　让绳子拱起来

8.5 [案例]跳跃的心电图

用线结合数据绘制心电图是一件非常有意义的事情。这里利用Line2D( )函数绘制折线，利用np.random.randn( )生成折线的y值（由于randn( )函数会产生正负均衡正态分布的数值，可以近似模拟有节奏的心跳过程），最后利用动画函数FuncAnimation( )刷新x、y轴的数值，产生有规律的心跳心电图动画效果。

代码文件：8_5_ECG.py

```
# -*- coding: utf-8 -*-
"""
Created on Sat Jun 11 14:07:39 2022
心电图
@author: 三酷猫
"""

import numpy as np
from matplotlib.lines import Line2D
import matplotlib.pyplot as plt
import matplotlib.animation as animation

fig, ax=plt.subplots()
dt=0.02
y_len=int(2/dt)                         #y轴值的个数

def emitter(p=0.1):                     # 为y轴提供随机的y值
    v=np.random.randn(1)
    if v>p:
        return 0
    else:
        return np.random.randn(1)[0]
                                        # 生成一个具有正态分布规律的随机数
tdata=[]                                # 保存x轴的值
ydata=[]                                # 保存y轴的值
line=Line2D(tdata,ydata)                # 用Line2D()绘制线
ax.add_line(line)                       # 把绘制线对象加入绘图坐标区域
ax.set_ylim(-2.2, 2.2)         #y轴刻度范围
ax.set_xlim(0,2)               #x轴刻度范围
def update(y):                 # 刷新一次，增加一个线段
    print(y)
    lastt=y*dt+0.02            #x轴最后一个坐标值加0.02
```

```
    global tdata      # 调用函数外面的全局变量前，先需要用 global 声明
    global ydata
    tdata=tdata       # 把前面的全局变量 tdata 赋值给函数里的 tdata
    ydata=ydata       # 把前面的全局变量 ydata 赋值给函数里的 ydata
    if lastt>=2:
              # 当一次动画过程完成时，删除 x、y 轴列表里的数值，重新开始
        del tdata[:]
        del ydata[:]
        tdata=[0]
        ydata=[0]
    else:
        tdata.append(lastt)       # 把当前 x 值加入 tdata 列表里
        ydata.append(emitter()) # 把当前 y 值加入 ydata 列表里
        print('X',tdata)
        print('Y',ydata)
    line.set_data(tdata,ydata) # 把更新后的 x、y 列表值设置到绘图坐标区域
    return line,

ani=animation.FuncAnimation(fig, update,y_len, interval=50,
                                blit=True)      # 动画绘图

plt.show()                                      # 执行绘制过程
```

上述代码执行结果如图 8.4 所示，在实际运行环境下折线会动态绘制。

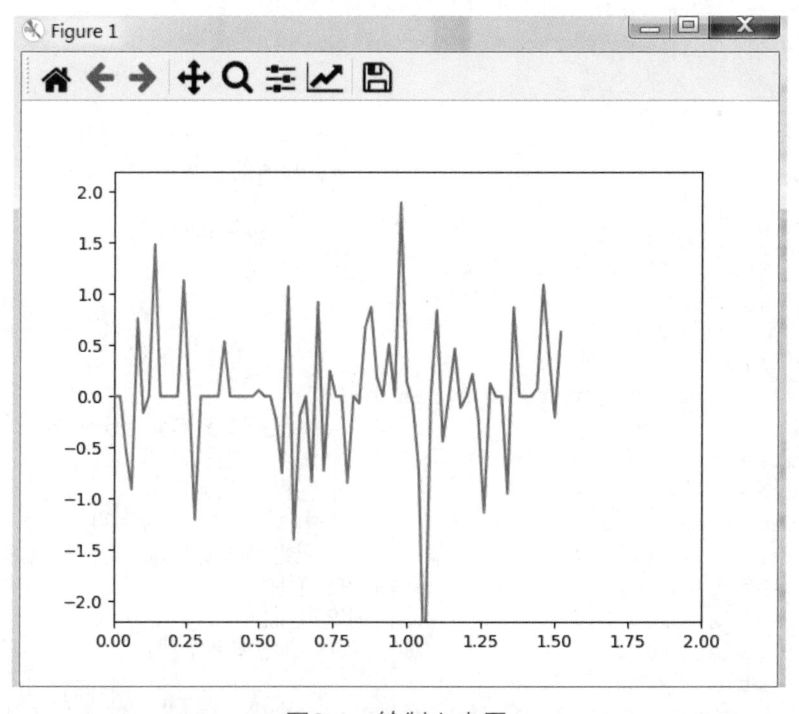

图8.4　绘制心电图

8.6　[案例]波涛汹涌

用二维数组绘制曲线图，是一件很容易的事情。这里需要使这些曲线连续地动起来，就像大海里的波涛涌动。可以通过对二维数组从第 1 列到最后 1 列，从左到右一列列移动数据（最左边 1 列新增补充新值）使绘图区域的曲线显示出从左到右滚动的效果。

主要实现步骤如下。

首先，用 np.random.uniform(0, 1, (64, 75)) 生成 64 行 75 列二维数组，再通过 64 次循环，用 i + G * data[i] 生成 64 条波浪线的 y 坐标值，用 X = np.linspace(−1, 1, data.shape[−1]) 生成 75 列的 x 坐标值；

然后，用刷新函数 update( ) 刷新一次，让 data 数组从左到右移动 1 列数据，并补充最左边 1 列数据，并把变化结果存储到 lines 列表对象里；

最后，通过 FuncAnimation( ) 函数完成动态绘制。

代码文件：8_6_wave.py

```
# -*- coding: utf-8 -*-
"""
Created on Sun Jun 12 11:28:28 2022
波涛汹涌
@author: 三酷猫
"""
import numpy as np
import matplotlib.pyplot as plt
import matplotlib.animation as animation

plt.rcParams['font.sans-serif'] = ['SimHei']
                                        # 用于正常显示中文标签
fig=plt.figure(figsize=(8, 8), facecolor='black')
                                        # 创建黑色背景的画板对象
ax=plt.subplot(frameon=False)      # 创建没有坐标边框的坐标对象
data=np.random.uniform(0, 1, (64, 75))
```

```
                    # 生成 64 行 75 列数值范围为 [0,1) 的二维数组
X=np.linspace(-1, 1, data.shape[-1])
                    # 根据列数生成对应的 x 轴数值一维数组
G=1.5*np.exp(-4*X**2)                      # 高斯分布公式
lines=[]

for i in range(len(data)):                 # 绘制 64 行波浪线
    xscale=1-i/200.
        # 小幅度减小 x 范围以获得更好的透视效果（从上到下波浪倾斜角度）
    lw=1.5-i/100.0                         # 设置线宽度
    line,=ax.plot(xscale*X,i+G*data[i],color="b",
 lw=lw)                                    # 绘制波浪线
    lines.append(line)                     # 把绘制的波浪线坐标加入列表
ax.set_ylim(-1, 70)
ax.set_xticks([])                          # 去掉 x 轴刻度线
ax.set_yticks([])                          # 去掉 y 轴刻度线
                                           # 绘制标题
ax.text(0.5, 1.0, "波涛汹涌", transform=ax.transAxes,
        ha="center", va="bottom", color="b",
        family="sans-serif", fontweight="bold", fontsize=16)

def update(*args):                         # 刷新帧函数
    data[:, 1:]=data[:, :-1] # 刷新一次，所有行数据往右移动一列
    data[:, 0]=np.random.uniform(0, 1, len(data))
                             # 所有行最左边 1 列新生成数值
    for i in range(len(data)): # 更新绘图区域 64 行 y 轴的数值
        lines[i].set_ydata(i+G*data[i])
    return lines

anim=animation.FuncAnimation(fig, update, interval=10)
                             # 动画绘制
plt.show()
```

上述代码执行结果如图 8.5 所示。

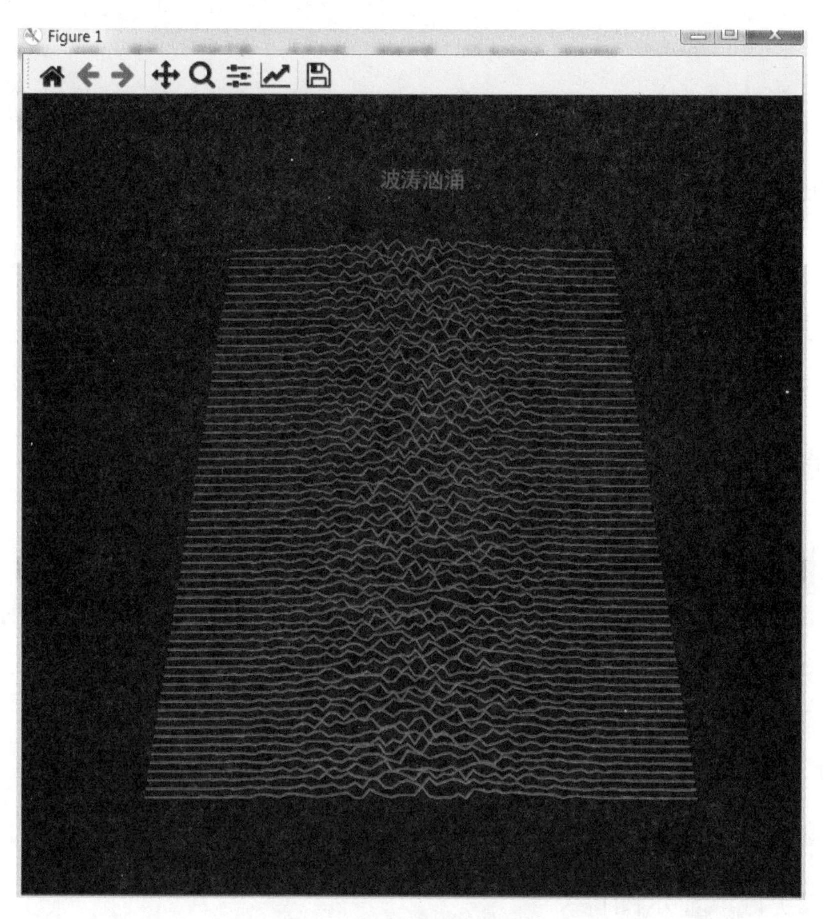

图8.5　波涛汹涌动画效果

8.7　练习和实验

1．填空题

（1）matplotlib的（　　）库中的FuncAnimation()函数，可以让图动起来。

（2）FuncAnimation()函数利用视觉暂停现象，采用（　　）方式，通过一定时间间隔不断调用参数func，更新一帧帧的图片，就实现了动画效果。

2．判断题

（1）电影里每秒提供24帧画面，与人眼接收视觉光线信号到大脑的反应时间间隔的原理无关。（　）

（2）FuncAnimation( )函数进行动画绘制时，都需要为其提供变化的数据（往往是各种x、y坐标值）。（　）

（3）FuncAnimation( )函数进行动画绘制时，其运动轨迹形状的变化往往通过数学公式等方法（算法）进行控制。（　）

实验

1．实验一：让爬的山更加崎岖些

将8.2节的案例代码按照如下要求进行修改：

（1）把正弦曲线改为一元三次曲线；

（2）截取显示图像；

（3）把代码保存为MyHillCode.py文件。

2．实验二：让彩色雨更加漂亮一些

（1）要求雨被填充各种颜色；

（2）要求下五角星形状的雨；

（3）截取显示图像；

（4）把代码保存为MyRainCode.py文件。

第九章 快乐小游戏

利用对有趣小游戏开发，让学生体会亲自制作小游戏的快乐，是国外发达国家计算机基础教育的内容之一。

阿帕奇（Apache）软件基金会提供的免费 freegames 游戏库，为学生亲自制作小游戏提供了方便。freegames 游戏库是在 Python 软件包自带的 turtle 绘图库基础上开发的增强游戏库。

使用 freegames 游戏库前，需要在 Spyder 交互式环境下在线安装 freegames 游戏库，其安装命令如下：

```
>>pip install freegames                # 计算机需要事先连接互联网
```

9.1 乌龟图库

乌龟图库是 Python 安装包自带的绘图库，可以方便地用于绘制各种漂亮的图形。可以在代码编辑区或交互式代码操作环境下，用 from turtle import 直接导入该库里的各种绘制函数。

9.1.1 绘图基本要素

乌龟图库的基本绘图要素包括画布、坐标、画笔。

1. 画布

乌龟图库的绘图概念和思路类似于现实中的绘图，显示的绘图区域称为画布（Canvas），可以通过 setup( ) 函数设置画布的大小。

```
>>from turtle import setup,done
>>setup(420, 420, 370, 0)          # 设置画布
>>done()                           # 正常退出乌龟图库画布界面
```

其中，done( ) 函数与 setup( ) 函数配套使用，确保画布窗体正常退出。

显示宽度为 420 像素、高度为 420 像素，画布左上角位置 x 位置为 370 像素，y 位置为 0 的绘图界面，如图 9.1 所示，在其上可以绘制各种各样的图形。

图9.1　乌龟图库画布

说明

显示器、照片等显示的图像是由许多明暗不同并按一定规律排列的黑白小点组成的，这些黑白小点称为像素，它是组成图像的最小基本单位。单位面积像素越多，图像越清晰。

2．坐标

乌龟图库的默认坐标以画布的中心为 x、y 轴的圆点坐标（0,0），默认长度用像素个数作为刻度最小单位，如图 9.2 所示。读者可以根据 x、y 坐标值进行绘图定位，以方便从某一坐标点开始绘图。

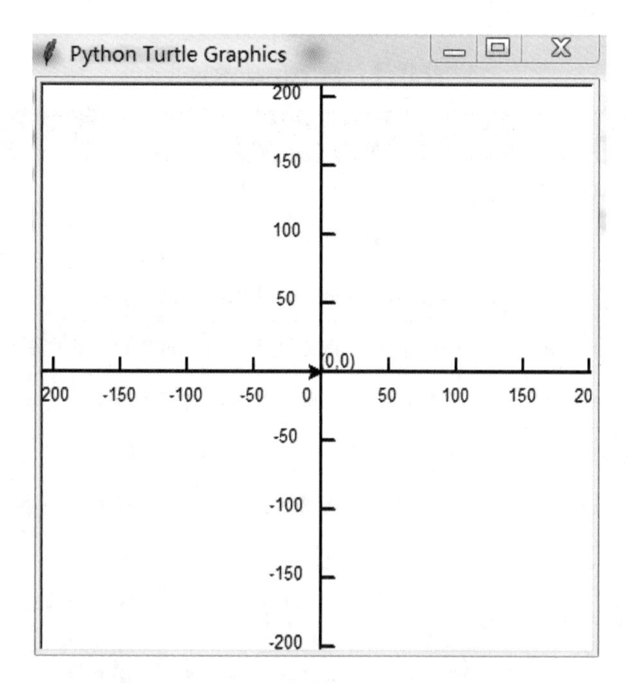

图9.2　乌龟图库的默认坐标位置（实际情况下不可见）

3．画笔

在画布上绘制的图像，可以想象是用一支画笔绘制的，而且这支画笔可以设置颜色、线宽等属性，也可以设置画笔绘制的速度（体现动画效果）。在画布上绘制线条时，默认会在线条终端显示一个三角形图标，这个图标就代表画笔，也可以换成其他图标。画笔的运动控制及属性控制函数请见 9.1.2、9.1.3 节内容。

9.1.2 笔线运动控制函数

乌龟图库在画布上绘图需要控制画笔的各种动作，包括移动方向、移动角度、移动时是否绘制图形、移动速度、移动到指定坐标、绘制何种图形等，其对应函数如表 9.1 所示。

表 9.1 画笔运动函数

序号	运动控制函数	说明
1	forward(distance)	向当前画笔方向移动 distance 像素长
2	backward(distance)	向当前画笔相反方向移动 distance 像素长度
3	right(degree)	顺时针移动指定角度方向，角度由 degree 指定
4	left(degree)	逆时针移动指定角度方向，角度由 degree 指定
5	pendown( )	移动时绘制图形，默认情况下为绘制
6	goto(x,y)	将画笔移动到坐标为 x、y 的位置
7	penup( )	移动时不绘制图形，提起笔，用于在另一个位置绘制时使用
8	speed(speed)	画笔绘制的速度范围为 [0,10] 的整数
9	circle( )	画圆，半径为正（负）数值，表示圆心在画笔的左边（右边）画圆
10	home( )	设置以当前画笔位置为原点，朝向东
11	dot( )	绘制一个指定直径和颜色的圆点

1. 移动画笔函数

用乌龟图库自带的 forward( ) 函数移动画笔指定像素个数的距离，其代码示例如下：

```
>>from turtle import forward            # 导入移动画笔函数
>>forward(50)          # 默认情况下以（0,0）坐标为起点，向右移动 50 像素
>>forward(50)          # 再向右移动 50 像素
```

显示效果如图 9.3 所示。在默认情况下，第一次从（0,0）坐标点开始，向右移动，这里第一次移动 50 像素，第二次又移动 50 像素。画笔的默认形状是一个右方为黑色三角形的箭头。

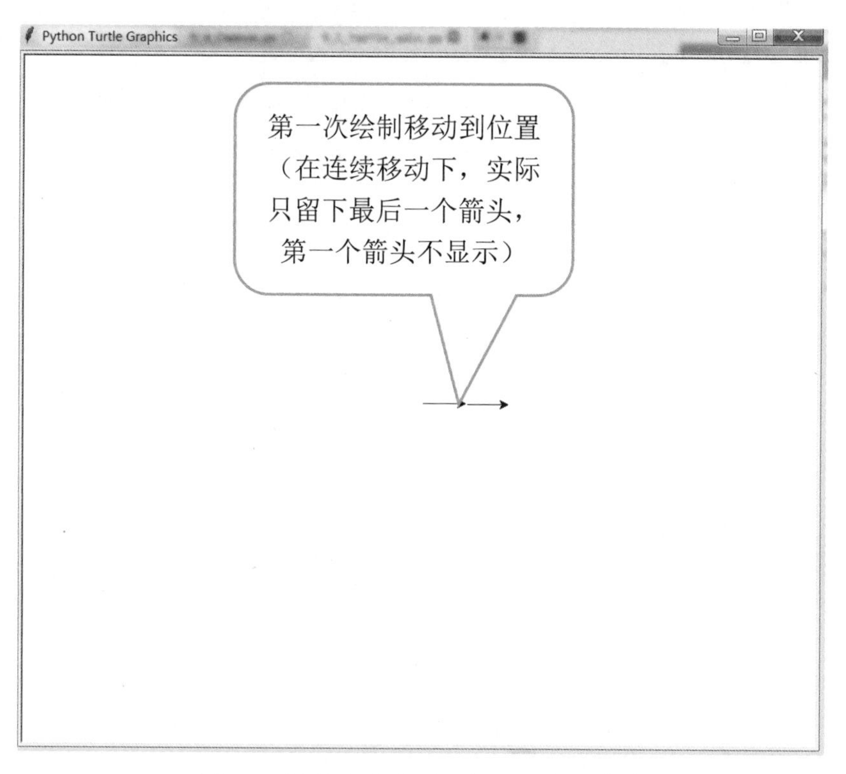

图9.3　连续向右移动2次，每次50像素

2. 反方向移动函数

这里的反向是指与 forward( ) 函数绘制的方向相反，用 backward( ) 函数通过指定像素个数来实现。在图 9.3 绘制基础上，继续执行下列代码，其执行效果如图 9.4 所示。

```
>>from turtle import backward                    # 导入 backward 函数
>>backward(150)          # 从图 9.3 最右点（0,100）反方向移动 150 像素
```

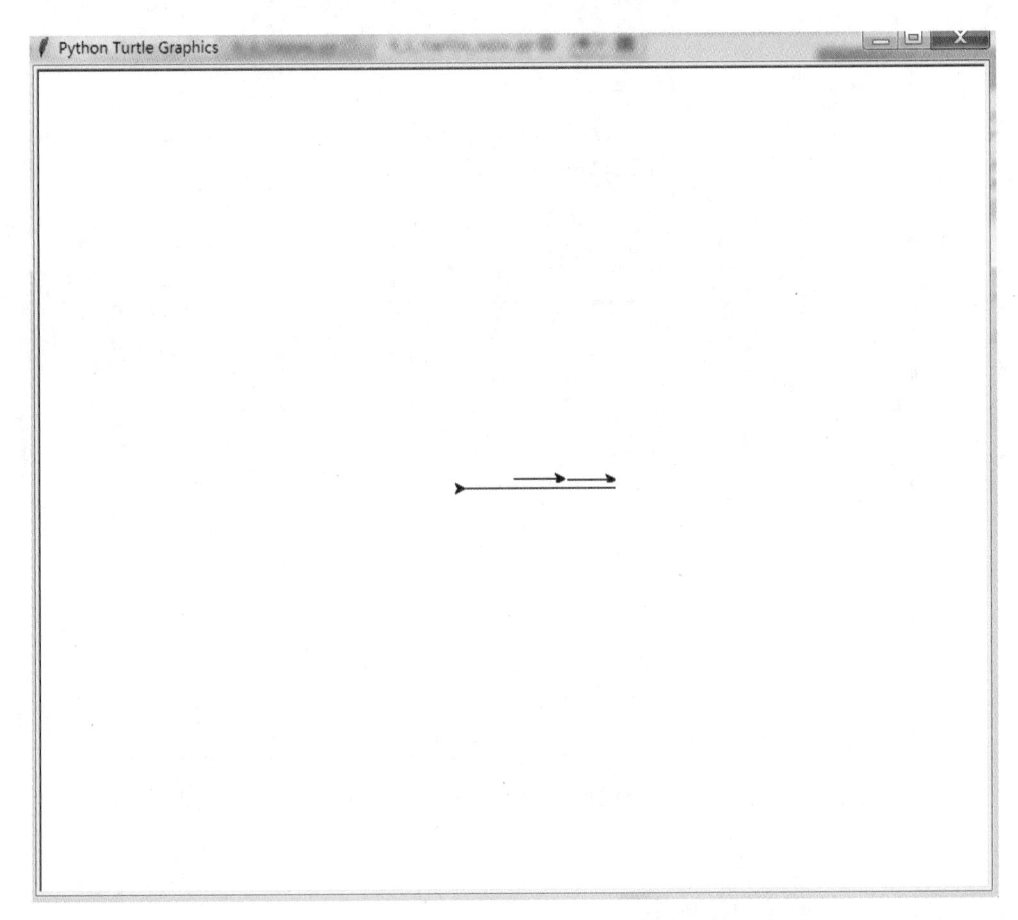

图9.4　从(0,100)开始向左移动并绘制直线150像素

3. 顺时针转动画笔方向函数

为了使画笔在绘画过程中可以调整方向，这里提供了 right( ) 函数，通过指定角度值，让画笔顺时针调整绘制方向。

在图 9.4 的基础上，继续执行如下代码：

```
>>from turtle import right                    # 导入 right() 函数
>>right(90)     # 在向右的默认方向上，让箭头顺时针旋转 90 度，朝正下方
```

执行结果如图 9.5 所示，与图 9.4 相比，画笔箭头从水平向右旋转为垂直向下，顺时针旋转了 90°　。

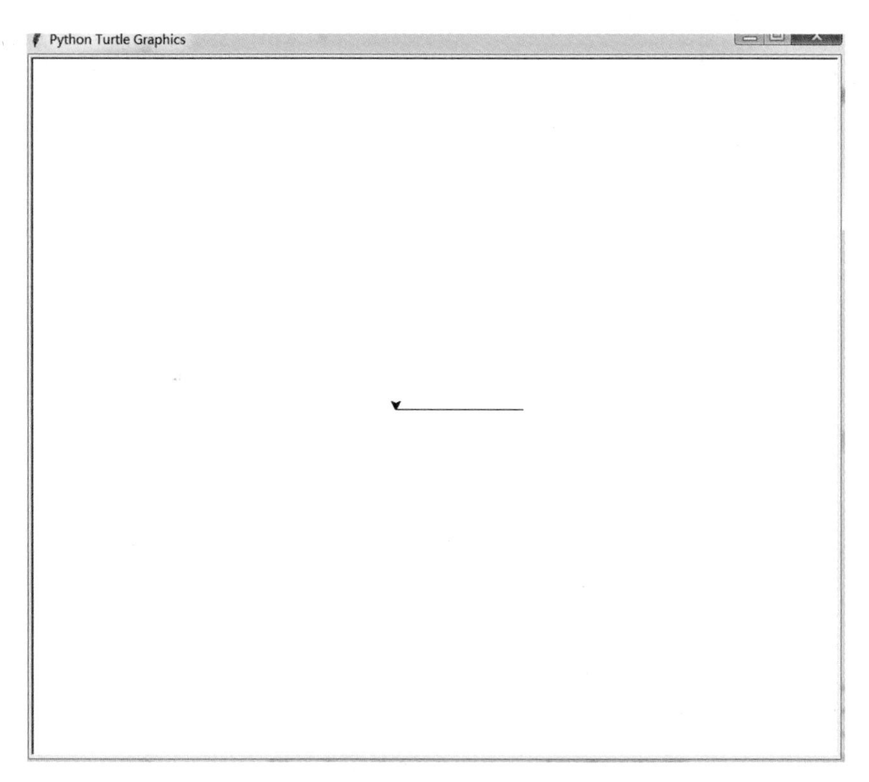

图9.5 画笔方向顺时针旋转90°

4. 逆时针转动画笔方向函数

与 right( ) 函数相反，left( ) 函数可以指定角度，对画笔进行逆时针设置。

```
>>from turtle import left,forward
>>forward(50)                    # 水平向右移动 50 像素的画笔
>>left(90)                       # 让画笔箭头逆时针旋转 90 度，箭头朝正上方
```

上述代码执行结果如图 9.6 所示，画笔箭头垂直向上，可以往上画线。

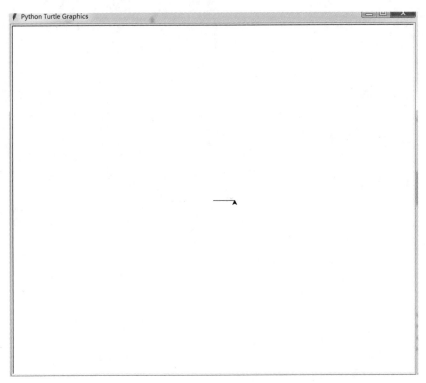

图9.6　让画笔箭头垂直向上

5. 将画笔移动到指定坐标位置函数

默认情况下画笔都是从（0,0）坐标开始绘画的，可以通过 goto( ) 指定画笔开始坐标位置，其代码示例如下：

```
>>from turtle import goto,penup
>>penup()       # 为了避免从（0,0）坐标到指定坐标值之间画线，不让画笔画线
>>goto(50,50) # 让画笔箭头在 x=50,y=50 的坐标位置出现
```

6. 控制画笔移动速度函数

可以通过 speed( ) 控制画笔移动速度，该函数参数取值范围为 [0,10]，其中，其值设置为 0 时，移动速度最快；为 1 时，其次；为 10 时，移动速度最慢；依次类推。

```
>>import turtle as t
>>t.speed(1)# 可以在实际代码编辑器环境下设置 0、10 等不同参数以测试速度
>>i=1
>>while i<=100:
    t.forward(i*10)
    if i%2==0 :
        t.right(90)
    i+=1
```

7. 画圆函数

可以通过 circle( ) 函数的参数指定半径长度，画对应的圆。

```
>>import turtle as t
>>t.circle(10)
```

上述代码执行结果如图 9.7 所示，其默认圆心坐标为（0,0），半径为 10。

图9.7　画圆

9.1.3 画笔属性控制函数

可以通过画笔本身的属性函数，对其的线宽、颜色、状态、形状等进行设置或获取值，主要属性控制函数如表9.2所示。

表9.2 画笔属性控制函数

序号	属性控制函数	说明
1	pensize(width)	绘制图形时的宽度
2	pencolor( )	设置画笔颜色
3	fillcolor(colorstring)	绘制图形的填充颜色
4	shape( )	设置画笔外形
5	color(color1，color2)	同时设置 pencolor=color1，fillcolor=color2
6	filling( )	返回当前是否在填充状态
7	begin_fill( )	准备开始填充图形
8	end_fill( )	填充完成
9	hideturtle( )	隐藏画笔的外形
10	showturtle( )	显示画笔的外形，与 hideturtle( ) 函数对应

1. 画笔线宽、颜色、形状设置函数

乌龟图库提供了线宽设置函数 pensize( )、画笔颜色设置函数 pencolor( )、画笔外形设置函数 shape( )。

```
>>from turtle import *
>>setup(420, 420, 370, 0) # 设置画布的大小
>>pensize(10)             # 设置线宽为10，默认为1
>>pencolor('red')         # 默认为black，还可以是green、yellow等
>>shape('turtle')         # 设置画笔外形为乌龟
>>forward(50)             # 画笔水平向右移动50像素
```

上述代码执行结果如图9.8所示。

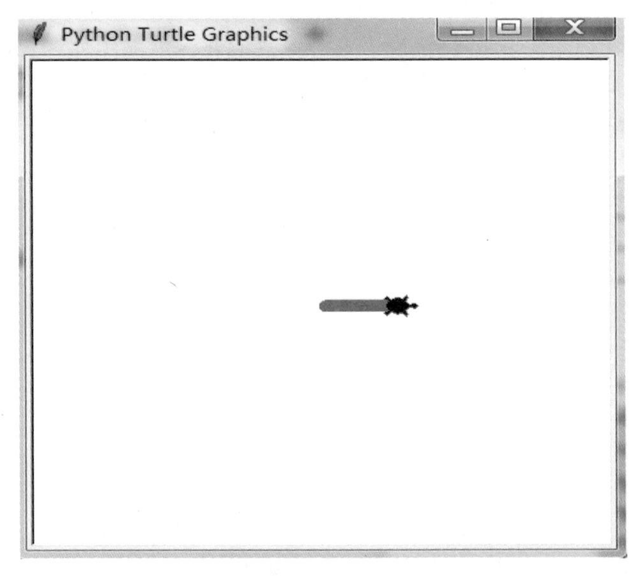

图9.8　设置画笔的线宽、颜色、外形

2．设置图形的填充颜色及填充状态函数

若需要对指定填充区域进行填色，则首先需要通过 fillcolor( ) 函数指定填充的颜色，然后用 begin_fill( ) 表示填充开始，用 end_fill( ) 表示填充结束。

绘制 5 个圆，垂直排列，其中偶数个数的圆填充颜色，类似糖葫芦串，其代码如下：

代码文件：9_1_3_fillColor.py

```
# -*- coding: utf-8 -*-
"""
Created on Sat Jun 18 10:37:12 2022
绘制糖葫芦串
@author: 三酷猫
"""

import turtle as t
color1=['red','yellow']          # 填充颜色
t.setup(420, 420, 370, 0)
t.hideturtle()                   # 隐藏画笔的外形
```

```
def setFill(color):                   # 自定义开始填充颜色函数
    t.fillcolor(color)
    t.begin_fill()

i=1
while i<=5:                           # 垂直绘制 5 个圆，偶数的填充颜色
    t.penup()                         # 不绘制线状态
    t.goto(0,200-i*70)                # 绘制起始坐标
    t.pendown()                       # 绘制线状态
    if i%2==0 :                       #i 是偶数
       if i==2:
           setFill(color1[0])         # 开始填充，用红色
       else :
           setFill(color1[1])         # 开始填充，用黄色
       t.circle(30)                   # 画圆
       t.end_fill()                   # 填充结束
    else :
       t.circle(30)                   # 不填充颜色情况下，画圆
    i+=1

t.done()                   # 正常退出画布窗体（用鼠标点击窗体 × 按钮时执行）
```

上述代码执行结果如图 9.9 所示，第 2、4 个圆填充颜色，其他圆不填充。

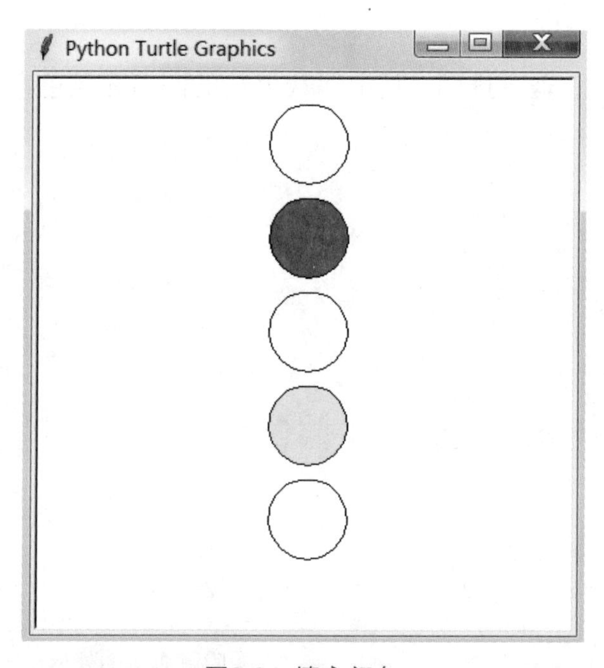

图9.9　填充颜色

9.1.4 其他辅助函数

其他常用的辅助函数包括清空画布、撤销上一个画笔动作、复制当前图形、写文字等，如表 9.3 所示。

表 9.3 其他辅助函数

序号	其他辅助函数	说明
1	clear( )	清空画布，但是画笔的位置和状态不会改变
2	reset( )	清空画布，重置画笔状态为起始状态
3	undo( )	撤销上一个画笔动作
4	isvisible( )	返回当前画笔是否可见
5	stamp( )	复制当前图形
6	write( )	往当前坐标写文字
7	tracer( )	绘制过程轨迹控制，参数设置为 False 则不显示绘制轨迹

绘制画布的四个坐标区域，往画笔指定坐标写文字，其代码示例如下：

代码文件：9_1_4_writeTxt.py

```
# -*- coding: utf-8 -*-
"""
Created on Sat Jun 18 14:39:18 2022
往画布上写文字
@author: 三酷猫
"""

import turtle as t
t.bye()              # 退出绘图运行的函数，可以解决 Terminator 报错问题
t.setup(420, 420, 370, 0)

t.forward(200)                              # 绘制右水平线
t.penup()
t.goto(100,100)                             # 第 I 区域中间位置
t.write('第 I 区域')

t.penup()
t.goto(0,0)
t.pendown()
t.goto(0,200)                               # 绘制上垂直线
```

```
t.penup()
t.goto(-100,100)                            # 第 II 区域中间位置
t.write('第 II 区域')

t.penup()
t.goto(0,0)
t.pendown()
t.goto(-200,0)                              # 绘制左水平线
t.penup()
t.goto(-100,-100)                           # 第 III 区域中间位置
t.write('第 III 区域')

t.penup()
t.goto(0,0)
t.pendown()
t.goto(0,-200)                              # 绘制下垂直线
t.penup()
t.goto(100,-100)                            # 第 IV 区域中间位置
t.write('第 IV 区域')

t.done()
```

上述代码执行结果如图 9.10 所示。

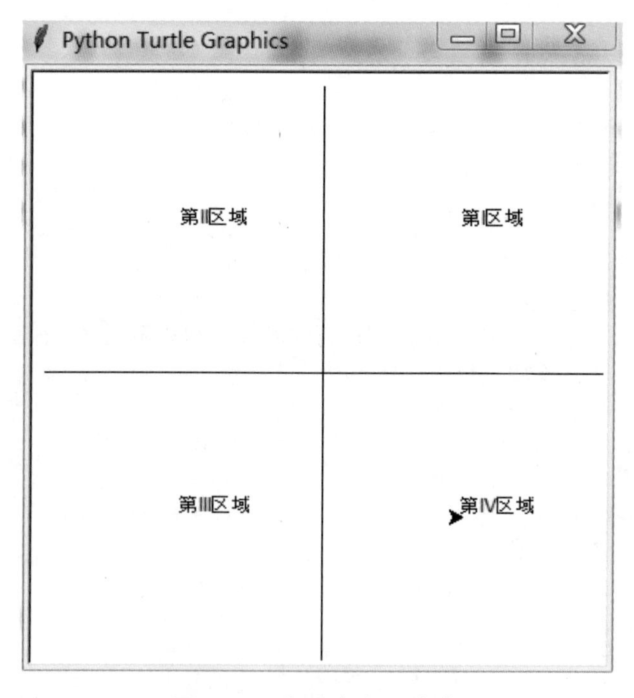

图9.10　往画布上写文字

9.1.5　[案例] 绘制喇叭花

用乌龟图库绘制一朵花蕊为黄色的、圆形的粉红色的喇叭花，其代码如下：

代码文件：9_1_5_flower.py

```
# -*- coding: utf-8 -*-
"""
Created on Sat Jun 18 15:25:03 2022
绘制喇叭花
@author: 三酷猫
"""

import turtle as t
t.bye()
t.setup(420, 420, 370, 0)
t.pencolor('indigo')                          # 紫色
t.fillcolor('pink')                           # 粉红色
t.begin_fill()
t.penup()
t.goto(0,-90)
t.pendown()
t.circle(100)                                 # 绘制花的形状为圆形
t.end_fill()
t.penup()
t.goto(-100,0)
t.pendown()

t.color('red','yellow')                       # 线为红色，填充色为黄色
t.begin_fill()
for line in range(50):                        # 绘制花蕊
    t.forward(200)
    t.left(170)
t.end_fill()

t.done()
```

上述代码执行结果如图 9.11 所示。

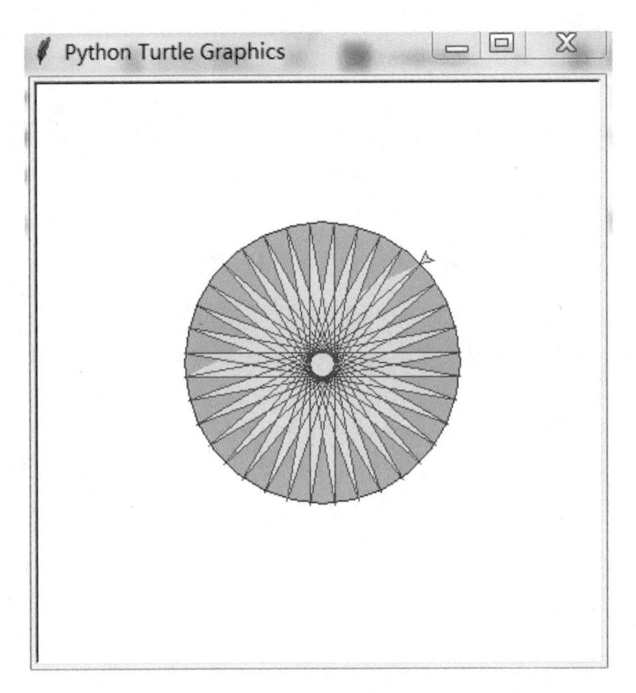

图9.11　绘制喇叭花

9.2　[案例]数字华容道

用 freegames 游戏库实现的数字华容道游戏，相对简单。

9.2.1　游戏设计

游戏规则，生成 4×4 的 16 个黑线边白底方格，随机放入 1 到 15 个数字在每个格子里，剩余一个格子是空格（其位置也随机指定）。然后通过鼠标点击来移动数字，让数字从 1 到 15 连续顺序排列成功，则游戏成功结束。

第一步，用字典 tiles 记录 16 个格子的 x、y 坐标及对应的内容；其中 0 代表空格，其他值为随机的 1 到 15；用 freegames 的 vector(x,y) 记录每个格子的 x、y 坐标并作为字典 tiles 的键，随机生成的 0 到 15 为对应的值。

第二步，根据 tiles 每个元素的（x,y）（键）和对应的值，利用 turtle 绘图库绘制每个方格。

第三步，用鼠标事件 onscreenclick( ) 获取当前格子的坐标和值，并判断其四周是否存在空格，若存在空格，则移动到空格方格，调整 tiles 记录内容；若不存空格，则当前单击的数字不移动。

根据鼠标不断点击，反复执行第二步、第三步，直到 1 到 15 数字顺序有序排序为止，如图 9.12 所示，游戏结束。

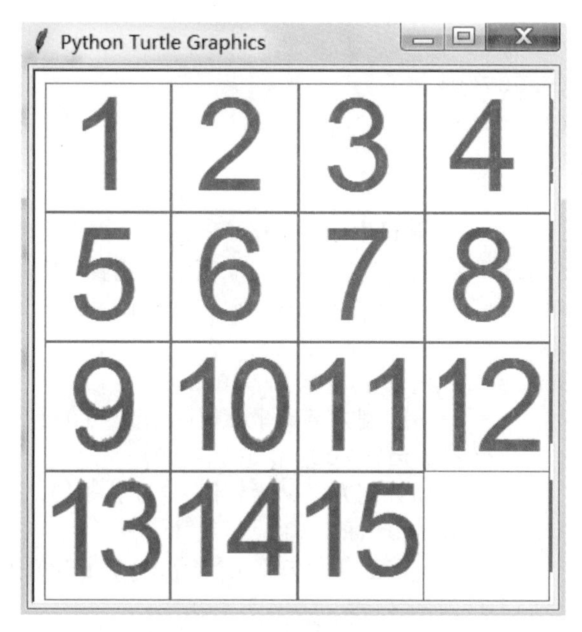

图9.12　数字华容道

9.2.2　游戏代码实现

具有基本功能的数字华容道游戏功能的代码如下：

代码文件：9_2_tiles.py

```
# -*- coding: utf-8 -*-
"""
Created on Tue Jun 14 21:12:49 2022
```

```
    数字华容道
@author: 三酷猫
"""
#from random import choice
import numpy as np
from turtle import up,down,goto,color,setup,begin_fill,
forward,left,end_fill,write,update,\hideturtle,tracer,
onscreenclick,done

from freegames import floor, vector

tiles={}
neighbors=[                           # 记录鼠标点击方格周围的相对坐标
    vector(100, 0),
    vector(-100, 0),
    vector(0, 100),
    vector(0, -100),
]
def load():             # 随机生成每个格子的内容，并以键方式记录对应的坐标
    data=np.arange(0,16)              # 其中 0 代表空格
    number=np.random.choice(data,16,replace=False)
    count=0
    for y in range(-200, 200, 100):
                        # 控制方格 y 坐标值 -200,-100,0,100
        for x in range(-200, 200, 100):
                        # 控制方格 x 坐标值 -200,-100,0,100
            mark=vector(x, y)
                        # 产生每个方格的开始 x、y 坐标值（左上角）
            tiles[mark]=number[count]
                        # 以字典方式记录每个方格对应的数字
            count+=1
    print('随机调整数字位置后的结果：',tiles)

def square(mark, number):
                        # 绘制一个方格黑色边线和数字（空方格不画数字）
    up()                              # 拿起画笔，移动时不绘画
    goto(mark.x, mark.y)              # 将画笔移动到坐标为 (x,y) 的位置
    down()                            # 下笔，移动时绘画
    color('green', 'white')
                    # 设置方格里绘制数字和线颜色的画笔颜色，方格的背景颜色
    begin_fill()                      # 开始填充
    for count in range(4):            # 绘制一个方格的四边
```

```
        forward(99)                 # 向当前画笔方向移动 99 像素长度
        left(90)
    end_fill()                      # 结束填充

    if number==0:#number 值为 0，则代表存在空格，无须绘制，函数返回
        return
    elif number < 10:
        forward(20)                 # 向当前画笔方向移动 20 像素长度

    write(number, font=('Arial', 60, 'normal'))
                                    # 把数字写入方格内

def tap(x, y):                      # 用鼠标点击需要移动的方格数字
    """Swap tile and empty square."""
    x=floor(x, 100)
    # 判断 x 更靠近 -200、-100、0、100、200 中的哪个数字，返回最近的数字
    y=floor(y, 100)
    mark=vector(x, y)       # 设置鼠标点击的方格坐标

    for neighbor in neighbors:
                        # 检查鼠标点击方格周围是否存在空格，若存在则移动
        spot=mark+neighbor

        if spot in tiles and tiles[spot]==0:
                            # 如果点选的数字旁边有空格，则移动数字
            number=tiles[mark]
            tiles[spot]=number
            square(spot, number)
            tiles[mark]=0
            square(mark, 0)

def draw():                                 # 绘制 4×4 所有方格
    """Draw all tiles."""
    for mark in tiles:
        square(mark, tiles[mark])
    update()


setup(420, 420, 370, 0)                     # 设置绘制界面的大小
hideturtle()                                # 隐藏画笔外形
tracer(False)
load()                                      # 初始化绘制内容
```

```
draw()                              # 绘制初始化的 4×4 方格及数字
onscreenclick(tap)                  # 侦听鼠标点击事件，调用 tap 函数
done()
```

执行上述代码，显示结果如图 9.13 所示。

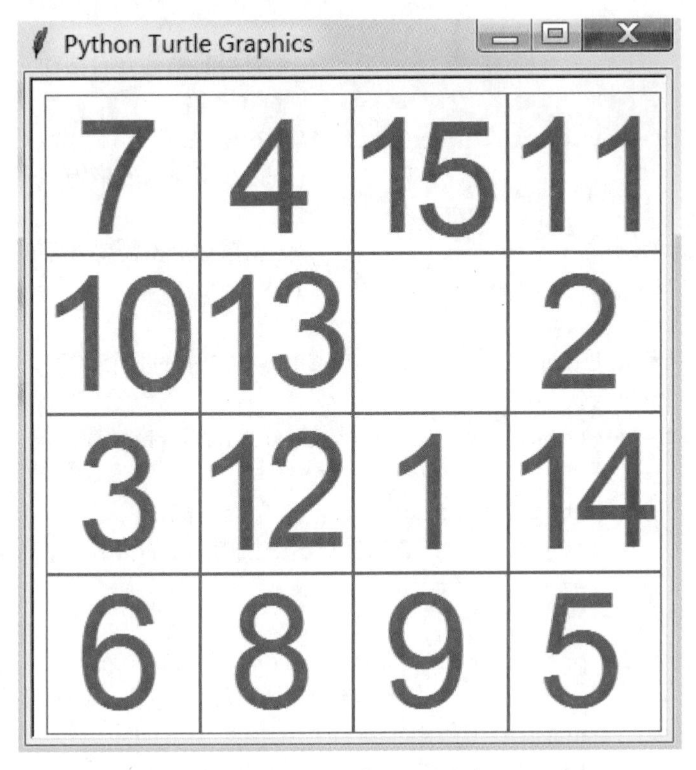

图9.13　游戏启动时，随机生成的结果

9.3　[案例] 炮弹射击气球

用乌龟图库函数实现炮弹射击气球的游戏效果，是一个比较刺激的想法。

9.3.1　游戏设计

基本设计思路如下。

（1）用红色小球代表炮弹，用随机产生的蓝色小球代表气球。

（2）用 vector 对象分别记录红色炮弹和蓝色气球在画布里的坐标位置。

（3）通过鼠标点击记录新坐标，让红色炮弹上升；鼠标点击结束后，又让红色炮弹的 y 坐标按照一定速度下降。

（4）让蓝色气球的坐标以一定的速度朝左边移动。

（5）每刷新一次红色炮弹和所有蓝色气球的坐标到画布上，同时比较红色炮弹和蓝色气球的（x, y）坐标距离，当二者距离小于蓝色气球直径距离时（从气球球形坐标计算），认为炮弹射中了气球，记录该气球的坐标被删除；继续刷新坐标到画布上。

（6）当有蓝色气球到达画布的左边边缘时，游戏结束。

9.3.2　游戏代码实现

用乌龟图库函数可以实现炮弹射击气球的游戏效果。用 ball 记录红色炮弹的移动坐标，用 targets 列表记录所有蓝色气球移动的坐标，tap( ) 函数用于记录鼠标点击画布的坐标位置，inside( ) 函数用于比较炮弹、气球移动是否超出画布边界，draw( ) 函数用于移动一次在画布上刷新显示炮弹和气球的位置，move( ) 函数用于计算更新炮弹、气球的新位置（若炮弹的距离小于气球的 13 个像素距离，则删除该气球坐标）。用 ontimer(move, 50) 函数以 50 ms 为间隔，反复调用 move( ) 函数以刷新画布，产生动画游戏效果。完整代码实现如下：

代码文件：9_3_Cannon.py

```
# -*- coding: utf-8 -*-
"""
Created on Thu Jun 16 19:46:00 2022
炮弹射击气球
```

```
@author: 三酷猫
"""

from random import randrange
from turtle import *

from freegames import vector
bye()
ball=vector(-200, -200)   # 记录发射红色炮弹的坐标
speed=vector(0, 0)        # 速度
targets=[]                # 记录目标球坐标


def tap(x, y):            # 获取鼠标点击坐标及速度并赋予红色炮弹
    if not inside(ball):  # 红色炮弹不在画布内，设置初始坐标和初速度
        ball.x=-199
        ball.y=-199
        speed.x=(x+200)/20 # 分母越小，炮弹上升速度越快
        speed.y=(y+200)/20


def inside(xy):                     # 坐标在屏幕内则返回 True
    return -200<xy.x<200 and -200<xy.y<200


def draw():                         # 绘制红色炮弹和目标蓝色气球
    clear()                         # 清除画布内容
    for target in targets:          # 在新坐标绘制所有目标蓝色气球

        goto(target.x, target.y)# 设置新坐标

        dot(20, 'blue')             # 绘制蓝色气球


    if inside(ball):                # 在新坐标绘制红色炮弹

        goto(ball.x, ball.y)        # 根据鼠标点击，反复设置新坐标

        dot(6, 'red')               # 绘制红色炮弹

    update()                        # 更新画布内容


def move():               # 移动红色炮弹和目标蓝色气球（含新生成的蓝色气球）
```

```
    if randrange(40)==0:         # 随机生成新蓝色气球的 x、y 坐标
        y=randrange(-150, 150)   # 随机给出 [-150,150) 之间一个整数
        target=vector(200, y)    # 新移动坐标
        targets.append(target)

    for target in targets:       # 目标蓝色气球往左移动 0.5
        target.x-=0.5

    if inside(ball):             # 红色炮弹在画布内
        speed.y-=0.35            # 炮弹在垂直方向上下降速度减少 0.35
        ball.move(speed)         # 红色炮弹向右下方移动

    dupe=targets.copy()          # 把目标蓝色气球坐标信息复制给 dupe
    targets.clear()              # 清除 targets 列表里的所有值

    for target in dupe:
        if abs(target-ball)>13:
            # 记录的目标蓝色气球与红色炮弹距离大于 13，排除击中气球
            targets.append(target)
            # 把符合要求的目标坐标重新装入该列表里

    draw()    # 重新绘制红色炮弹和目标蓝色气球

    for target in targets:
        if not inside(target):
            return

    ontimer(move, 50)       # 以 50 ms 为时间间隔反复调用 move() 函数


setup(420, 420, 370, 0)
hideturtle()                # 隐藏画笔外形
up()                        # 提起画笔，不绘制线条
tracer(False)               # 关闭画笔绘制轨迹显示过程
onscreenclick(tap)          # 鼠标点击事件，调用 tap() 函数
move()                      # 移动红色炮弹和蓝色气球
done()
```

上述代码执行效果如图 9.14 所示。当鼠标在画布左上角进行点击时，从左下角会弹出炮弹，往右上角升；当鼠标点击结束时，红色炮弹会朝右下角落下；当红色炮弹碰到蓝色气球时，蓝色气球消失。

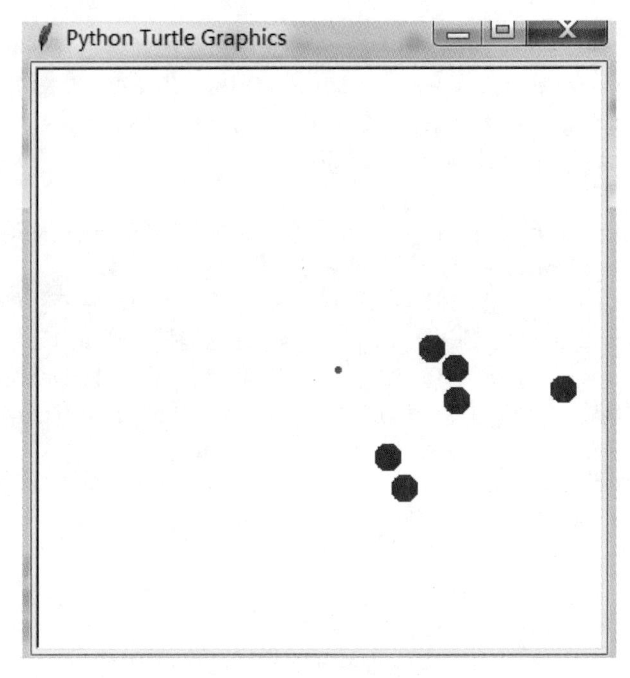

图9.14　炮弹射击气球

9.4　[案例]旋转的飞镖

游戏与动画的区别，人可以参与游戏操作，并能判断竞赛结果（谁赢谁输）。

9.4.1　游戏设计

这里想绘制一个方块飞镖，当人连续点击鼠标时，方块飞镖会加速变大；若方块飞镖的一个角跟随机横向出现的顶板碰撞，则游戏结束，看哪位玩家用最少的时间结束游戏。

（1）用由小到大旋转的方块代表飞镖，且颜色会变；

（2）用顶板作为飞镖的碰撞目标，但是每次顶板出现的 x 坐标位置是随机的；

（3）玩家可以连续点击鼠标，可以让飞镖的面积加速变大；

（4）当飞镖的顶角碰撞顶板时，游戏结束；

（5）游戏启动时计时开始，游戏结束时计时结束，并给出玩游戏的时间；

（6）这个游戏规定玩的时间越短，玩家水平越高。

9.4.2　游戏代码实现

这里用 board( ) 函数绘制顶板，其 x 坐标通过 move_board( ) 函数里的随机函数提供，y 坐标固定不动。move_board( ) 函数同时旋转调用 rectangle( )（代表飞镖）30 次，每调用一次向左旋转 30°，并且面积变大，当飞镖的顶角碰撞顶板时，游戏结束，给出游戏使用时间，其代码实现如下：

代码文件：9_4_fly.py

```
# -*- coding: utf-8 -*-
"""
Created on Sun Jun 19 08:46:16 2022
旋转的飞镖
@author: 三酷猫
"""
import turtle as t
import numpy as np
from freegames import vector
t.bye()
t.setup(600,600)                        #定义窗口尺寸
t.pensize(2.5)
t.speed(1)
time_begin=t.time.time()                #游戏开始时间
aim=vector(0,250)
rise=vector(0,5)                        #飞镖上升加速度,5为y轴加速度

def board(x,y,width=200,height=20):     #绘制顶板,用于飞镖碰撞
    t.up()
    t.goto(x, y)
    t.down()
    t.tracer(False)
```

```
    t.color('black','blue')
    t.begin_fill()
    for count in range(2):
        t.forward(width)
        t.left(90)
        t.forward(height)
        t.left(90)
    t.end_fill()
    t.tracer(True)

def move_board():          # 随机产生一个顶板，然后飞镖旋转上升，并变大
    t.clear()
    t.home()
    move_x=np.random.randint(100)-50
    board(move_x,aim[1])  # 随机产生一个顶板
    X=np.linspace(-np.pi,np.pi,30)
    Y=np.sin(X)*20
    t.home()
    for i in range(0,30):# 刷新一次，飞镖旋转 30 次，每旋转一次飞镖变大
        rectangle(X[i],Y[i],i*5,30,i)
        print('board',move_x)
        print('Y',Y[i]+i*5*2+rise.y)
        print('X',X[i])
        if ((Y[i]+i*5*2+rise.y>250)and (X[i]>move_x)):
                                  # 当飞镖的顶角碰撞顶板时，游戏结束
            time_end=t.time.time()                    # 结束时间
            sec=np.around(time_end-time_begin,2)# 共用时多少秒
            print(sec)
            t.up()
            t.goto(-200,0)
            t.write('游戏胜利结束！',font=('宋体',40,'normal'))
            t.up()
            t.goto(-200,-60)
            t.write('用时：!'+str(sec)+'秒',font=('宋体',40,'normal'))

            return
    t.ontimer(move_board, 50)        #50 秒调用 1 次 move_board()

def rectangle(x, y, radius,angle,i):              # 绘制矩形（飞镖）
    """Draw rectangle at (x, y) with given width and
 height."""
    t.up()
    t.goto(x,y+rise.y)
                  #rise.y 为加速度，点击鼠标次数越多，飞镖上升速度越快
    t.left(angle)
```

```
    t.down()
    t.pencolor('red')
    t.colormode(255)
                    # 采用 RGB 模式设置颜色，每个通道颜色值范围从 0 到 255
    t.fillcolor((200,250,i*6+50))
    t.tracer(False)
    t.begin_fill()
    t.circle(radius=radius,steps=4)
    t.end_fill()
    t.tracer(True)

def tap():
    rise.y+=rise.y                      # 点击鼠标，飞镖加速度
move_board()                            # 调用绘制顶板和飞镖函数
t.onscreenclick(tap)                    # 鼠标点击事件，调用 tap() 函数
t.done()
```

上述代码执行效果如图 9.15 所示。

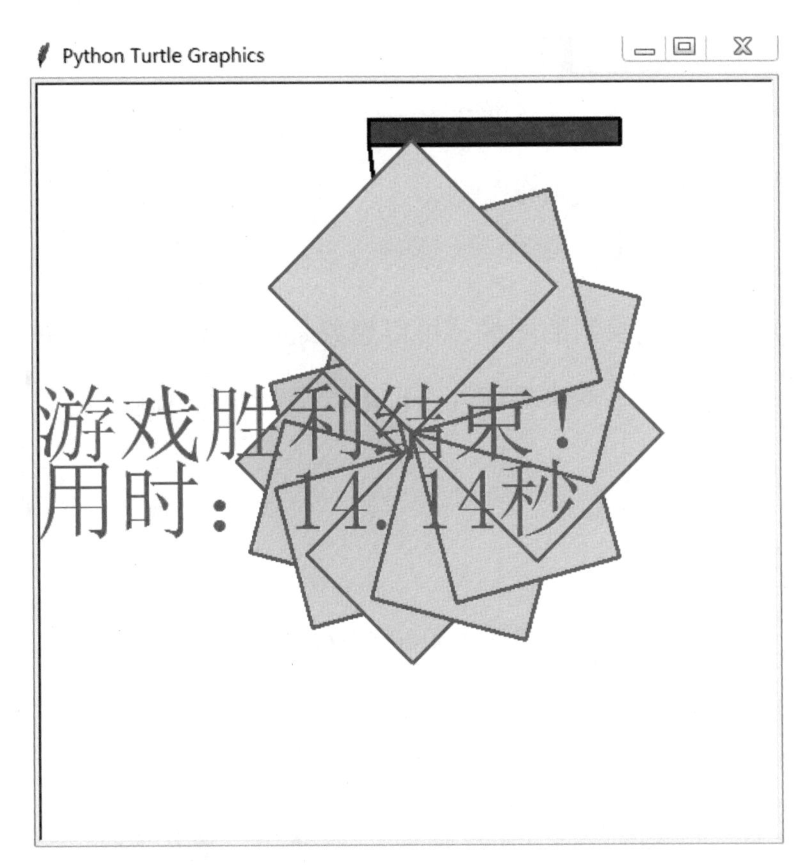

图9.15 飞镖游戏

该飞镖游戏有了游戏过关结束提示，并给出了时间约束，是一款商业游戏的必要功能的完善。

9.5 练习和实验

1．填空题

（1）（   ）游戏库是基于 turtle 绘图库开发的增强游戏库。

（2）乌龟图库是（   ）安装包自带的绘图库，可以方便地用于绘制各种漂亮的图形。

（3）乌龟图库的基本绘图要素包括（   ）、坐标、（   ）。

（4）读者可以根据画布上的（   ）坐标位置进行绘图定位，以方便从某一坐标点开始绘图。

（5）在画布上绘制的图像，可以想象是用一支画笔绘制的，而且这支画笔可以设置颜色、线宽等属性，也可以设置画笔绘制的（   ），体现不同速度的动画效果。

2．判断题

（1）Anaconda 开发包自带 libfreegames 游戏库。（   ）

（2）乌龟图库的绘图概念和思路类似现实绘图，显示的绘图区域称为画布（Canvas），可以通过 setup( ) 函数设置画布的大小。（   ）

（3）Fone( ) 函数与 setup( ) 函数配套使用，确保画布窗体正常退

出。（　）

（4）乌龟图库通过画笔在画布上绘制时，需要借助运动控制函数控制画笔的各种动作。（　）

（5）可以通过画笔本身的属性函数，对其的线宽、颜色、状态、形状等进行设置或获取值。（　）

对 9.2 节的案例代码按照如下要求进行修改：

（1）当华容道游戏从 1 到 15 排成序时，能用文字提示“胜利”两个字；

（2）计算并显示所花费的时间；

（3）截取显示图像；

（4）把代码保存为 victory_way_Code.py 文件。

第三篇　高级挑战

有了基础，有了成就感，就会挑战难度更高的编程目标。传统算法、图像算法，可以让读者初探人工智能科学家们所具有的基础知识；竞赛知识，既可以让读者了解竞赛题目的难易程度，又可以让读者领略刺激的竞赛过程。这一切在于读者的感觉和自我判断。

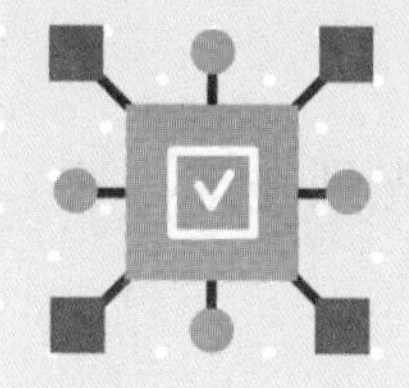

第十章 传统算法挑战

学习算法（Algorithm）可以大幅提高学生通过编程解决问题的能力，有益逻辑思维的锻炼；同时，算法也是国内外信息化竞赛的核心内容，是想参加竞赛的读者必须掌握的知识；良好的算法能力，也是软件工程师、相关科学家解决实际问题的核心。

本章和第十一章只是对一些经典算法进行代表性介绍，让读者对算法有一个初步的印象。另外，本书所选算法都是各种竞赛的基础算法题，有利于读者竞赛入门。

10.1 队列和栈

队列（Queue）和栈（Stack）是最基础的算法内容之一，需要读者掌握。

10.1.1 队列

队列是一种顺序排队的数据结构，其使用有严格的约定：必须从队尾插入元素，从队头一端取元素；这里的元素是指队列里存储的值，如数字、字符等。

在日常生活中有很多排队的现象，如去医院排队拿药，先到先拿，这就是所谓的先进先出（First In First Out，FIFO）算法。

图 10.1 所示的为 10 个人依次排队的示意图，采用先进先出的排队要求。

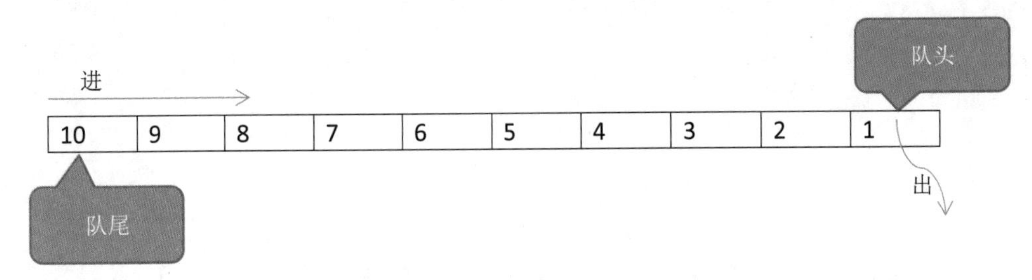

图10.1　先进先出队列

若用代码实现图 10.1 的 10 个人先进先出的排队过程，首先需要选择一个合适的存放 10 个人编号的数据结构，在 Python 语言里可以使用列表；然后根据先进先出的要求，把排队人的编号一个个循环打印出来，就实现了先进先出的算法要求，其代码实现如下：

代码文件：10_1_1_FIFO.py

```
# -*- coding: utf-8 -*-
"""
Created on Tue Jun 28 22:53:16 2022
先进先出队列算法
@author: 三酷猫
"""
queue=[10,9,8,7,6,5,4,3,2,1]
                # 最早排队的元素在列表最右方，最晚排队的元素在列表最左方
i=1
while i<=10:                                # 最先入队列的元素最先出队列
print('%d 号第 %d 个出队列 '%(queue[10-i],i))    # 打印队列
i+=1
```

上述代码执行结果如下：

```
1 号第 1 个出队列
2 号第 2 个出队列
3 号第 3 个出队列
4 号第 4 个出队列
5 号第 5 个出队列
6 号第 6 个出队列
7 号第 7 个出队列
8 号第 8 个出队列
9 号第 9 个出队列
10 号第 10 个出队列
```

说明

可以把上述 FIFO 算法代码做进一步完善，如打印一个元素删除一个当前元素。

10.1.2　栈

栈可以看作是只能在一端进行元素入列出列操作的特殊队列，即后进先出（Last In First Out，LIFO）操作。

同样地如图 10.1 所示的排队顺序，若采用栈算法，则后进先出，即最后进入的 10 号，最先出去，最早进入的 1 号最后出来，其代码实现如下：

代码文件：10_1_2_LIFO.py

```
# -*- coding: utf-8 -*-
"""
Created on Tue Jun 28 22:53:16 2022
后进先出栈算法
@author: 三酷猫
"""
queue=[10,9,8,7,6,5,4,3,2,1]
# 最早排队的元素在列表最右方，最晚排队的元素在列表最左方
i=1
while i<=10:                                    # 最后入队列的元素最先出去
```

```
    print('%d 号第 %d 个出队列 '%(queue[i-1],i)) # 打印队列
    i+=1
```

后进先出栈的执行结果如下：

```
10 号第 1 个出队列
9 号第 2 个出队列
8 号第 3 个出队列
7 号第 4 个出队列
6 号第 5 个出队列
5 号第 6 个出队列
4 号第 7 个出队列
3 号第 8 个出队列
2 号第 9 个出队列
1 号第 10 个出队列
```

10.2 查找

查找（Find）在人工智能里是一种问题求解的方法，可以通过不同的查找算法获得问题解决的答案。

10.2.1 线性查找

线性查找（Line Search）是从头到尾依次比较查找指定值，一直比较到找到或查找到结尾没有找到值为止。如图 10.2 所示，假设需要查找“三酷猫”，则需要从左到右比较 4 次，才能找到对应的值。

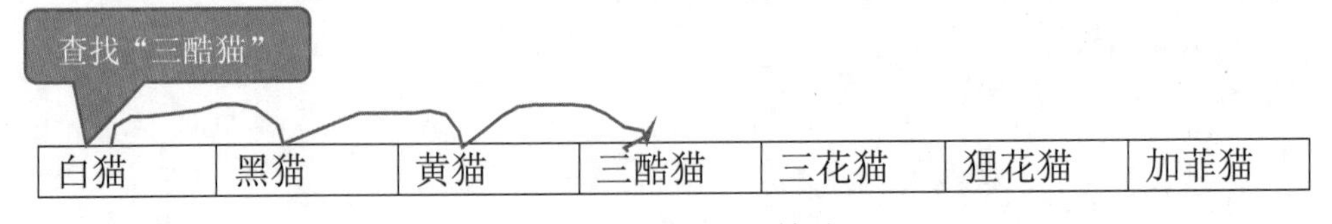

图10.2　线性查找算法

用列表实现图 10.2 值的记录，然后，通过循环比较，就可以轻松实

现线性查找算法。

代码文件：10_2_1_LineFind.py

```
# -*- coding: utf-8 -*-
"""
Created on Tue Jul  5 20:23:35 2022
线性查找算法
@author: 三酷猫
"""

line=['白猫','黑猫','黄猫','三酷猫','三花猫','狸花猫','加菲猫']
value='三酷猫'
i=0
ilen=len(line)                                      # 获取列表的长度
while i<ilen :
    if line[i]==value :
        print('在下标 %d 处找到三酷猫'%(i))
        break;
    i+=1
```

执行结果如下：

```
在下标 3 处找到三酷猫
```

线性查找算法的优点：算法简单、元素之间无须排序即可查找。

线性查找算法的缺点：若需要查找的值在列表尾部，从头到尾查找，则需要查找比较所有的元素，算法效率会很低。

10.2.2　二分查找

二分查找（Binary Search）算法也称为折半查找算法，把一个有序数列分割为两半，查找值跟中间值比较：若找到，则结束查找；否则，将区间范围缩小到左边区间或右边区间，再对其进行折半查找比较，直到找到对应的值或区间范围缩小到 0，查找结束。其实现过程如图 10.3 所示。

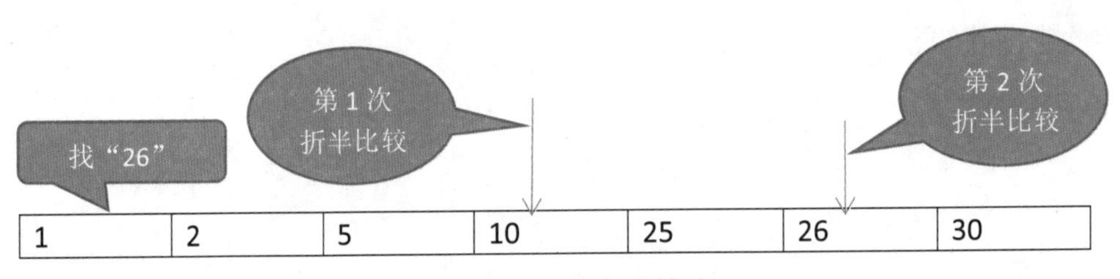

图10.3　二分查找算法

如图10.3所示，第一次折半比较区间的左右边界下标为left=0、right=6，折半中间下标为mid=(6–0)/2=3，下标对应的值为10，需要查找的26大于10，因此需要查找的区间在右边；

第二次折半比较，左右边界下标为left=mid+1=4，right=6，求中间下标mid=(6–4)/2+4=5，该下标对应的值为26，满足查找需要，查找结束。

代码文件：10_2_2_BinarySearch.py

```
# -*- coding: utf-8 -*-
"""
Created on Tue Jul  5 21:10:40 2022
折半查找算法
@author: 三酷猫
"""
num=[1,2,5,10,25,26,30]                         # 需要查找的队列
left=0                                          # 初始左边界下标为 0
right=len(num)-1            # 初始右边界下标为队列长度（考虑从 0 开始，减 1）
find=26                                         # 设置需要查找的值
i=0                                             # 用于记录比较次数
while left<=right:
            # 在指定左右边界范围内进行比较，包括左右边界下标相等的情况
    mid=left+(right-left)//2                    # 计算区间的中间下标
    i+=1                    # 记录比较次数
    if num[mid]<find:       # 查找值大于中间值
        left=mid+1          # 左边界下标为中间下标加 1，考虑右边区间范围
    elif num[mid]>find:# 查找值小于中间值
        right=mid-1         # 右边界下标为中间下标减 1，考虑左边区间范围
    else:  # 中间下标对应的元素与比较值相等，找到
        print('%d 在下标 %d 的位置，比较了 %d 次。'%(find,mid,i))
```

```
        break          #结束查找

if left>right:         #如果左边界值超过右边界下标，则没有找到需要的值
    print('没有找到 %d'%(find))
```

上述代码执行结果如下：

```
26 在下标 5 的位置，比较了 2 次。
```

与线性查找相比较，二分查找效率会明显加快。如同样查找 26，线性查找需要比较 6 次（从左到右），而二分查找仅需要比较 2 次。

二分查找算法使用的前提条件是，队列元素必须有序排序（升序或降序），在没有有序队列里，无法使用算法（排序方法详见 10.3 节）。

所以，选择好的算法，可以节省运算时间。

10.2.3 哈希查找

哈希查找（Hash Search）算法通过哈希地址函数实现对存储结构里的每个元素赋予唯一地址值的方法来实现哈希表的构建，并通过元素与地址的一一对应关系进行查找。该算法查找速度很快，缺点是需要存储元素对应的地址。

哈希地址函数最常用的可以采用取余数方式来实现，其公式为元素 %n（求余），其中 n 为元素个数。

用 Python 语言实现哈希查找算法，主要分三步进行：

第一步，用给定的哈希函数求每个元素对应的哈希地址，本书采用取余数求地址方法，并作为键，而对应元素作为值，存储到字典里——构建对应的哈希表；

第二步，若哈希地址发生冲突——出现重复地址现象，则可以通过地址增1方式试探性解决问题；

第三步，在哈希表里通过哈希地址查找对应的元素。

代码文件：10_2_3_HashRearch.py

```
# -*- coding: utf-8 -*-
"""
Created on Sat Jul  9 15:57:55 2022
哈希查找算法
@author: 三酷猫
"""
HashTable={} #
ages=[10,20,21,8,7,6,11,12,18,19,5]
                                # 这里用 11 求余时，7、18 的余数一样
n=len(ages)
def buildTable(age,n):          # 构建哈希表函数
    for one in age:
        address=one%n           # 求余数哈希函数算法的公式代码
        while True:
            if HashTable.get(address)==None :
                                # 当地址对应的值为空，则记录该键值对
                HashTable[address]=one
                break
            else:               # 地址冲突时，通过地址增 1 试探下一个地址
                address+=1  # 地址增 1 试探
    print('构建完成的哈希表：',HashTable)
def HashFind(Value,HTable,n):   # 在哈希表里查找指定值函数
    address=Value%n             # 求余数哈希函数算法的公式代码
    while True:
        if HashTable.get(address)==Value :
                                # 哈希表指定地址的值与查找值一样
            print('元素为%d的哈希地址为%d。'%(HashTable
[address],address))
            break
        elif HashTable.get(address)!=None:
                                # 值不为空，持续试探下一个地址的值
            address+=1          # 地址增 1 试探下一个地址
        else:                   # 哈希表里没有值了，则无法找到值
```

```
            print('哈希表里没有 %d'%(Value))
            break

buildTable(ages,n)          # 执行哈希表构建函数
HashFind(18,HashTable,n)    # 指定要查找的元素，在哈希表里查找
```

上述代码执行结果如下：

```
构建完成的哈希表： {10: 10, 9: 20, 11: 21, 8: 8, 7: 7, 6: 6,
0: 11, 1: 12, 12: 18, 13: 19, 5: 5}
元素为 18 的哈希地址为 12。
```

在元素重复数值不多的情况下，适合用求余函数求哈希地址；若元素值重复率比较高，则需要采用其他哈希函数来求地址，确保地址之间低冲突，以提高算法效率。常见的求地址的哈希函数还包括数字折叠法、直接定址法、平方取中法、随机数法等，感兴趣的读者可以查阅相关资料。

说明

（1）哈希查找算法在分布式数据库寻址等方面有实际应用。

（2）哈希查找算法最大特点：元素和地址存在一对一映射关系，由此查找效率很高。

10.2.4 穷举查找

当查找的答案不确定时，其中一个比较简单的算法就是穷举法（Method of Exhaustion），通过某种方式列举所有答案的过程。常见的列举方法有顺序列举、排列列举、组合列举三种。如 10.2.1 节的线性查找，就是顺序列举，其是穷举查找的一种；排列列举是答案的值之间有顺序关系，如 x、y 和 y、x 属于顺序不一致的两种答案；而组合列举是答案的值之间没有顺序关系，如 x、y 和 y、x 属于同一个答案。

我国南北朝时期（公元420年—589年），著名的数学家张丘建在《张丘建算经》中提出了世界著名的不定方程问题——百钱百鸡问题：今有鸡翁一，值钱五；鸡母一，值钱三；鸡雏三，值钱一。百钱买鸡百只，问鸡翁母雏各几何？

从百钱百鸡问题可以知道，1只公鸡值5元，1只母鸡值3元，3只小鸡值1元，其对应公式为

$$5\times x+3\times y+\frac{1}{3}\times z=100 \tag{10.1}$$

式中：x为公鸡数，y为母鸡数，z为小鸡数，它们与各自钱数积的和刚好为100元。

这显然是x、y、z三种鸡只数的组合要满足式（10.1），同时要满足式（10.2）的要求，即

$$x+y+z=100 \tag{10.2}$$

两个公式求3个不确定变量的解的过程，可以用穷举法求组合答案的过程，其解题思路如下：

第一步，100元 ÷5元/只 =20只的情况下，同时考虑至少有1只母鸡、至少有3只小鸡情况下，至多有16只公鸡；

第二步，100元 –5元 =95元且能被3整除的情况下，至少有1只母鸡、至少有3只小鸡情况下，最多只能买96元 ÷3元/只 =32只母鸡；

在公鸡、母鸡最大可能只数得到预估的情况下，3种鸡总数100固定的情况下，可以通过穷举法求其3种鸡的组合答案。

其代码实现过程如下：

代码文件：10_2_4_100chicken.py

```
# -*- coding: utf-8 -*-
"""
Created on Mon Jul  4 22:38:58 2022
穷举法求百鸡百钱问题
@author: 三酷猫
"""
for x in range(1,17):                   # 从第 1 只公鸡穷举到第 16 只公鸡
    for y in range(1,33):               # 从第 1 只母鸡穷举到第 32 只母鸡
        z=100-x-y                       # 求小鸡的只数
        if x*5+y*3+z/3==100 :           # 刚好等于 100 元
            print('%d只公鸡+%d只母鸡+%d只小鸡=100只鸡'%(x,y,z))
            print('%d*5+%d*3+%d/3=100元，满足百鸡百钱问题的求解
要求。'%(x,y,z))
```

通过穷举法求得解如下：

```
4只公鸡+18只母鸡+78只小鸡=100只鸡
4*5+18*3+78/3=100元，满足百鸡百钱问题的求解要求。
8只公鸡+11只母鸡+81只小鸡=100只鸡
8*5+11*3+81/3=100元，满足百鸡百钱问题的求解要求。
12只公鸡+4只母鸡+84只小鸡=100只鸡
12*5+4*3+84/3=100元，满足百鸡百钱问题的求解要求。
```

从输出答案可以知道，百钱百鸡问题有 3 种答案。

10.3　排序

现实生活中，人们经常要接触排序的问题，如一个班期末成绩按从高到低进行排序，学生做早操按从低到高进行排队。而且，读者已经发现有些查找算法运行的前提，必须先做数值排序，才能查找，如二分法查找。由此，需要掌握对数值进行排序的知识。

4.5 节里我们已经接触过冒泡排序的代码编写方法，但是该方法属于效率很低的一种算法，我们需要继续寻找更好的排序算法。

10.3.1 选择排序

选择排序（Selection Sort）是指从待排序的数据元素里选一个最小（或最大）的元素放到序列最前面，然后再从未排序数据元素里选择下一个最小（或最大）的元素放到序列次前面，依次类推，一直使所有元素都完成选择，就实现了有序排序。

如图10.4所示，根据选择排序的实现原理，从头到尾每轮选择最小元素，把它放到左边第一的位置，其实现过程举例如下：

第一轮选择2，把它放到左边第一的位置；

第二轮选择7，把它放到左边第二的位置；

依次类推，一直到所有的元素都被选择完成为止。

12	9	2	8	23	7	16

图10.4　无序状态的元素队列

代码文件：10_3_1_SelectSort.py

```
# -*- coding: utf-8 -*-
"""
Created on Sat Jul  9 18:48:36 2022
选择排序算法
@author: 三酷猫
"""
data=[12,9,2,8,23,7,16]
print('待排序元素队列:',data)
def SelectSort(datas):         #自定义选择排序函数
    n=len(datas)
    i=0
    while i<n:
        minData=datas[i]       #每轮把第一个元素放入minData变量
        j=i           #每比较完一轮,j向右移动1位,作为新一轮的开始
        while j<n:  #每轮比较范围
```

```
            if datas[j]<minData:
                            # 比较当前元素是否比 minData 记录元素小
                minData=datas[j] # 把小值放到 minData 变量里
                Position=j       # 记录小值的下标位置
            j+=1                 # 比较数下标向右移动 1 位
        del datas[Position]      # 从列表里删除最小值
        datas.insert(0,minData)  # 把每轮最小值插入列表的最左边
        i+=1                     # i 增 1，将进入下一轮比较
    print('打印排序后的队列',datas)
SelectSort(data)                 # 调用选择排序自定义函数
```

上述代码执行结果如下：

```
待排序元素队列： [12, 9, 2, 8, 23, 7, 16]
打印排序后的队列 [23, 16, 12, 9, 8, 7, 2]
```

选择排序只适用于元素之间值都不一样且元素个数较少的情况。

10.3.2　插入排序

插入排序（Insertion Sort）每一步将待排序元素插入前面已经排序的有序序列中，一直到所有的元素都被插入为止。

根据插入排序的实现原理，对如图 10.5 所示的无序状态的元素，进行插入排序举例：

第一步，把 9 插入 12 前面，变成 9、12、2、8、23、7、16；

第二步，把 2 插入 9 前面，变成 2、9、12、8、23、7、16；

第三步，把 8 插入 9 前面，变成 2、8、9、12、23、7、16；

第四步，把 23 插入 12 后面（其实不用移动位置），第三步排成后序列不变；

第五步，把 7 插入 8 前面，变成 2、7、8、9、12、23、16；

第六步，把16插入23前面，变成2、7、8、9、12、16、23，排序完成。

12	9	2	8	23	7	16

图10.5　无序状态的元素队列

代码文件：10_3_2_InsertionSort.py

```
# -*- coding: utf-8 -*-
"""
Created on Sat Jul  9 20:28:51 2022
插入排序算法
@author: 三酷猫
"""
datas=[12,9,2,8,23,7,16]  # 待排序元素列表
print('待排序元素序列为：',datas)
i=1                       从第二个元素开始比较
n=len(datas)              # 获取列表元素个数
if n<=1:                  # 如果列表只有 1 个或 0 个元素，则退出
    exit
while i<n:                # 循环判断插入 n-1 轮
    j=0                   # 前面有序排序插入比较从 0 下标开始
    NextValue=datas[i]    # 每轮选择第一个未插入比较的元素
    while j<i:            # 在已经排序的 i-j 个元素队列里比较插入
        if datas[j]>NextValue :
                     # 从左边比较，若发现 NextValue 小于当前已排序元素
            del datas[i]  # 则删除列表所在位置的 NextValue
            datas.insert(j,NextValue)
                     # 并把 NextValue 值插入已排序的 j 位置
            break    # 当前轮插入比较结束
        j+=1         # 已排序队列下标往右移动 1 位
    i+=1             # 进入下一轮未排序元素比较插入
print('排序完成的有序序列为：',datas)
```

代码执行结果如下：

```
待排序元素序列为： [12, 9, 2, 8, 23, 7, 16]
排序完成的有序序列为： [2, 7, 8, 9, 12, 16, 23]
```

10.3.3　希尔排序

希尔排序（Shell's Sort）也称为缩小排序算法，是插入排序算法的一种更高效改进算法，该方法由DL.Shell于1959年提出而得名。其实现思

路为：分组增量实现插入排序算法，第一轮分组插入排序结束后增量缩小，进入第二轮分组，依次类推，一直到增量为 1 后，完成最后一轮插入排序操作。

在实际操作时，第一轮增量一般采用队列元素个数的一半作为第一次增量操作 d1=n//2（n 为奇数时，d1=n//2+1）；从第二轮开始每轮增量减 1；一直到增量减少到 1 为止。

其实现原理举例如图 10.6 所示。

初始状态：

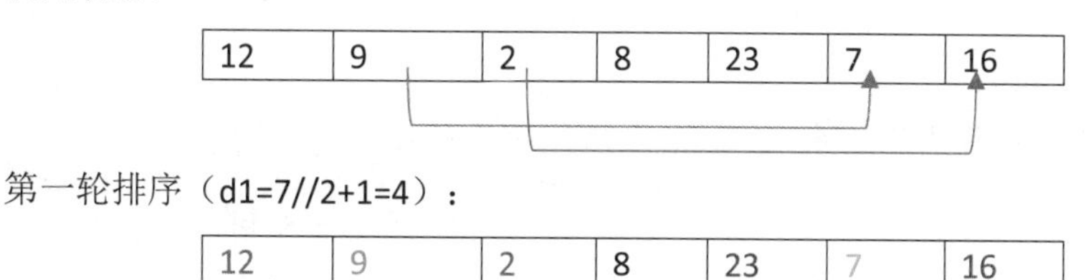

第一组比较：12 与 23 插入比较，位置不变。
第二组比较：9 与 7 插入比较，9 与 7 对换位置。
第三组比较：2 与 16 插入比较，位置不变。
第四组比较，8 位置不变。
第一轮比较结果为

12	7	2	8	23	9	16

第二轮排序（d2=2）：

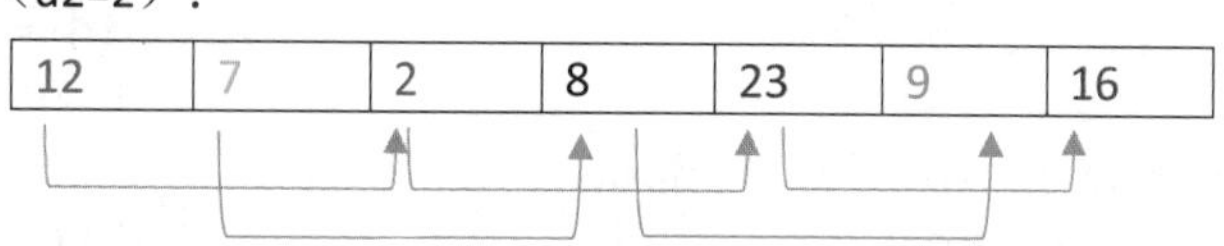

第一组比较：12 与 2 比较，12 与 2 对换位置，12 与 23 比较，位置不变，23 与 16 比较，对换位置。
第二组比较：7 与 8 比较，位置不变；8 与 9 比较，位置不变。
第二轮比较结果为

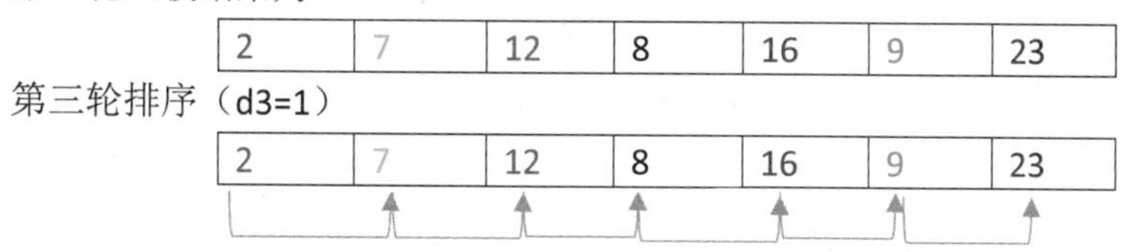

第一组比较：2 与 7 比较，位置不变；7 与 12 比较，位置不变；12 与 8 比较，对换位置；12 与 16 比较，位置不变；16 与 23 比较，位置不变。
第三轮比较结果为

2	7	8	9	12	16	23

图10.6　希尔排序演示举例

代码文件：10_3_3_ShellSort.py

```
# -*- coding: utf-8 -*-
"""
Created on Sun Jul 10 23:58:51 2022
希尔排序算法
@author: 三酷猫
"""
data=[12,9,2,8,23,7,16]
print('排序前队列为：',data)
def shellSort(d):
    n=len(d)
    if n%2!=0:
        gap=n//2+1
    else:
        gap=n//2
    i=gap
    while i>0:                               # 控制轮数，从 gap 到 1
        gap=i
        while gap>0:                         # 比较当前间隔的所有组
            j=0
            while j+gap<n:                   # 当前组，所有元素插入比较
                if data[j]>data[j+gap] :# 前元素大于后元素，对换位置
                    m=data[j]
                    data[j]=data[j+gap]
                    data[j+gap]=m
                j=j+gap                      # 当前组，比较所有元素
            gap-=1                           # 缩小间隔
        i-=1                                 # 比较一轮，缩小 1
print('排序后结果为：',data)
shellSort(data)                              # 执行希尔排序函数
```

代码执行结果如下：

```
排序前队列为： [12, 9, 2, 8, 23, 7, 16]
排序后结果为： [2, 7, 8, 9, 12, 16, 23]
```

10.3.4 快速排序

快速排序（Quick Sort）是对冒泡排序的一种改进，由 C.A.R Hoare 在1962 年提出。它的基本思想是：通过一趟排序将要排序的数据分割成独立

的两部分，其中一部分的所有数据比另外一部分的所有数据都要小，然后再按此方法对这两部分数据分别进行快速排序，整个排序过程可以递归进行，以此达到整个数据变成有序序列。

分割时，先选择一个元素，作为大小比较的基准（Pivot）数。把数列里小于 Pivot 数的元素放到前面，大于 Pivot 数的元素放到后面。这个基准数可以随意取一个，一般取开始、结束或中间位置的一个元素。

1．快速排序示例举例

根据快速排序算法实现思路，通过取中间值作为基准数，然后分左右两部分进行递归分割排序，举例如下：

初始状态：

12	9	2	8	23	7	16

用列表存储上述元素 data=[12,9,2,8,23,7,16]。

第一轮比较排序过程如下。

（1）取中间值作为基准数。

求中间值下标 mid=n//2=3，对应值 [mid]=8 作为基准数。

（2）从左到右一个个取出 data 里的元素与中间值进行比较。

12 与 8 比较，把 12 放入右边列表里 right=[12]；

9 与 8 比较，把 9 放入右边列表里 right=[12,9]；

2 与 8 比较，把 2 放入左边列表里 left=[2]；

23 与 8 比较，把 23 放入右边列表里 right=[12,9,23]；

7 与 8 比较，把 7 放入左边列表里 left=[2,7]；

16 与 8 比较，把 16 放入右边列表里 right=[12,9,23,16]；

第一轮比较结果为 left=[2,7]，中间值为 8，right=[12,9,23,16]。

然后继续对 left 和 right 分别进行第二轮排序，这里就可以通过递归分别重复（2）的过程；一直到所有的分别递归的列表只有 1 个元素为止，则递归返回。

2. 快速排序代码实现

采用如上举例所示的中间值的情况下，通过递归实现两部分分割排序，最后完成快速排序过程，其代码实现如下：

代码文件：10_3_4_QuickSort.py

```
# -*- coding: utf-8 -*-
"""
Created on Mon Jul 11 16:43:58 2022
快速排序算法（通过递归调用）
@author: 三酷猫
"""
def QuickSort(data):                # 自定义快速排序函数
    n=len(data)
    if n>=2:                        # 列表里元素不小于 2，继续递归排序
        mid=data[n//2]              # 确定中间值
        left=[]                     # 存放小于中间值的数
        right=[]                    # 存放大于中间值的数
        del data[n//2]              # 删除原始列表里的中间值
        for one in data:
                #一轮比较排序，把小的放到 left 列表，大的放到 right
            if one<=mid:                # 不大于中间值，放入 left 列表
                left.append(one)
            else:                       # 大于中间值，放入 right 列表
                right.append(one)
        return QuickSort(left)+[mid]+QuickSort(right)
                #分别递归左边、右边列表，并返回排序结果
    else:
        return data  #当递归入口参数 data 只有一个元素时，递归返回
ages=[90,2,23,42,1,41,49,6,8,27,2]
print('排序前列表为：',ages)
result=QuickSort(ages)
print('排序结果为：',result)
```

上述代码执行结果如下：

```
排序前列表为： [90, 2, 23, 42, 1, 41, 49, 6, 8, 27, 2]
排序结果为： [1, 2, 2, 6, 8, 23, 27, 41, 42, 49, 90]
```

注意

递归调用理解提示如下。

每调用一次递归函数本身，在内存里临时记录其调用状态，由此，当需要排序的元素很多时，需要临时消耗大量的内存空间。

当满足递归返回条件时，上例是不满足 if n>=2 条件时，则一级级把结果往上返回，最后返回给第一次调用处，完成排序过程。

在一行同时递归调用 2 次本函数时，在内存里同时记录这 2 个函数的临时状态，如记录 QuickSort([2,7])+[8]+QuickSort([12,9,23,16])。

10.4　贪心算法

贪心算法（Greedy Algorithm）又称为贪婪算法，是指在对问题求解时，总是做出在当前步骤看来是最好的选择。该算法仅考虑局部最优，而 10.5 节的动态规划则考虑全局最优。

贪心算法的特点：

（1）仅考虑当前步骤最优值，与前面状态无关；

（2）最优值即每次求最大或最小值；

（3）可以把一个问题分解为若干个子问题并对其求解，同时对所有子问题的解求和，得到最终局部最优值。

10.4.1 分数背包问题

我们常说的背包问题主要分为以下几种：分数背包、0–1背包、完全背包、多重背包、分布背包等。

其中分数背包，用贪心算法求可装入最大价值总物品，当装入物品体积不够时，可通过切割其最后一个物品来实现。对于装入背包物品的最大价值的判断，可以优先放入单位体积价值大的物品，也可以优先放入价格高的物品，或优先放入体积最小（或最大）的物品。由此，用贪心算法得到的背包最优解只能是局部的，不一定是全局最优解。

表10.1所示的为可以挑选装入背包的物品名称、体积、价格，背包体积为12，用贪心算法求解，该背包可以装入的最大价值的物品。这里优先放入单位体积价值最大的物品。

表10.1　物品特征清单

物品名称	体积	价格
A1	5	12
A2	2	6
A3	8	15

代码文件：10_4_1_FKnapsack.py

```
# -*- coding: utf-8 -*-
"""
Created on Tue Jul 12 20:40:32 2022
分数背包装包算法（一种贪心算法）
@author: 三酷猫
"""
volume=[5,2,8]                          # 物品体积
value=[12,6,15]                         # 物品价值
r_value=[]                              # 存放比值
knapsack=[]                             # 存放放入背包的物品体积
Max_volume=12                           # 背包最大空间
```

```
i=0
while i<3:                              # 求每个物品的价值 / 体积的比值
    r_value.append(value[i]/volume[i])
    i+=1
s_value=r_value.copy()                  # 把原始比值列表复制到新列表中
s_value.sort(reverse=True)              # 新列表元素按照比值从大到小排序
for one in s_value:                     # 从比值最大开始往背包里装物品
    index=r_value.index(one)
                    # 装入一个物品，通过比值获取原始比值列表的对应下标
    if Max_volume-sum(knapsack)>volume[index]:
                    # 如果背包还能装入新物品
        knapsack.append(volume[index])     # 装入新物品的体积数值
        print('体积 %d 价值 %d 的物品装入背包 '%(volume[index],
value[index]))
    else:           # 如果无法装入最后一个物品
        local=Max_volume-sum(knapsack)
                    # 就把该物品的一部分装入背包的剩余空间
        knapsack.append(local)
        print('体积 %d 价值 %d 的物品其 %d 体积装入背包 '%(volume
[index],value[index],local))
        break                              # 装包动作结束
print('分数背包最后装入情况：',knapsack)   # 打印背包装包结果
```

上述代码执行结果如下：

```
体积 2 价值 6 的物品装入背包
体积 5 价值 12 的物品装入背包
体积 8 价值 15 的物品其 5 体积装入背包
分数背包最后装入情况： [2, 5, 5]
```

10.4.2　货币选择问题

三酷猫去购物中心购买价格为 2555 元的手机，他手里有 100 元 20 张、50 元 20 张、20 元 3 张、10 元 1 张、5 元 12 张，怎么支付所需要钱的数量最少？

这是一个典型的贪心算法求解问题，先用最大面值 100 元支付最多张数的钱、再用 50 元支付最多张数的钱，依次类推，直至满足支付，把分解的所有面值的钱相加，就得到最少钱的张数。

代码文件：10_4_2_SelectMoney.py

```
# -*- coding: utf-8 -*-
"""
Created on Fri Jul 15 21:13:03 2022
贪心算法求货币选择问题
@author: 三酷猫
"""
Money=[[100,20],[50,20],[20,3],[10,1],[5,12]]
phone=2555                      # 手机价格
SelectMoney=[]                  # 记录选择的钱
end=False                       # 是否满足支付要求
for one in Money:               # 从最大面值开始比较，选择钱
     num=one[1]                 # 获取面值对应的钱的张数
    while True:                 # 选择当前面值的钱尽可能满足支付要求
        if one[0]*num<=phone :  # 当前面值的钱满足支付要求
            SelectMoney.append([one[0],num])
                                # 把选择结果存储到选择列表里
            phone=phone-one[0]*num     # 手机金额减去选择支付金额
            if phone==0:        # 如果手机剩余待支付金额为 0
                end=True               # 则支付结束
                break
            else:
            # 如果手机剩余待支付金额不为 0，则需要继续选择更小面值的钱
                break
        elif num>1:    # 如果当前面值的钱总金额大于手机剩余待支付金额
           num-=1 # 则当前面值的钱的张数减 1
        else:      # 如果当前面值的钱满足不了支付，则选择更小面值的钱
            break
    if end:        # 如果支付结束，则无须继续选择更小面值的钱
        break
if end:
    print('三酷猫按照要求支付情况为：',SelectMoney)
else:
    print('三酷猫所带钱无法满足不找零情况下的支付要求！')
```

上述代码执行结果如下：

```
三酷猫按照要求支付情况为： [[100, 20], [50, 11], [5, 1]]
```

注意

本算法正确解答的前提，对不同面值的钱按面值进行从大到小的排序。无序或升序排序的钱记录，都会导致算法结果不正确。

10.5　动态规划

动态规划（Dynamic Programming，DP）是运筹学的一个分支，是解决多阶段决策过程最优化的一种数学方法，主要用于以时间或地域为划分阶段的动态过程的最优化。

有一类活动的过程，可将过程分成若干个互相联系的阶段，在它的每一阶段都需要做出决策，从而使整个过程达到最好的活动效果。

在多阶段决策问题中，各个阶段采取的决策，一般来说是与时间有关的，决策依赖于当前状态，又随即引起状态的转移，一个决策序列就是在变化的状态中产生出来的，故有“动态”的含义，这种解决多阶段决策最优化的过程称为动态规划方法。[①] 策略不同，效果也不同，多阶段决策问题，就是要在可以选择的那些策略中间，选取一个最优策略，使其在预定的标准下达到最好的效果。[②]

由上述描述可知动态规划有以下几个主要特点：

（1）可以把问题分解为不同阶段的多个子问题；

（2）后一个阶段子问题求解，依赖于前一个阶段的解；

（3）通过不同阶段的持续求解，选择一个最优解。

---

① 田翠华．算法设计与分析[M].北京：冶金工业出版社，2007。

② 叶金霞，白春章．信息技术 九年级[M]. 大连：辽宁师范大学出版社，2008。

10.5.1 斐波那契数列

斐波那契数列（Fibonacci Sequence），又称为黄金分割数列，指的是这样一组数列：1，1，2，3，5，8，13，…，其基本规律是前2个数值相加得后一个数值，数学公式为

$$\mathrm{fib}(x)=\begin{cases}1 & x=1,2\\ \mathrm{fib}(x-1)+\mathrm{fib}(x-2) & x>2\end{cases} \tag{10.3}$$

根据式（10.3）求斐波那契数列前10个数值，其代码实现如下：

代码文件：10_5_1_Fibonacci.py

```
# -*- coding: utf-8 -*-
"""
Created on Sat Jul 16 21:49:59 2022
    斐波那契数列算法
@author: 三酷猫
"""
fib=[1,1]                 # 存放斐波那契数列值
n=10
i=0
while i<n-2:              # 求 8 个数列值
    fib.append(fib[i]+fib[i+1])
    i+=1
print('斐波那契数列前 10 个数值为：',fib)
```

上述代码执行结果如下：

```
斐波那契数列前 10 个数值为： [1, 1, 2, 3, 5, 8, 13, 21, 34, 55]
```

斐波那契数列后面一个值，依赖前面2个值，数列之间可以分解为一个个阶段性求值，一直到需要获取的最后一个值，该算法具有典型的动态规划特点。

10.5.2 0-1背包问题

0-1背包问题，指将给定物品存储到指定的一个背包里，要么被选择（1），要么不被选择（0）。著名的0-1背包问题，可以通过动态规划算

法来实现。如表 10.2 所示，需要挑选累加和价格最高的几个物品放到体积为 9 的背包里。

表 10.2　物品特征清单

物品序号	物品名称	体积 v	价格 p
1	A1	5	5
2	A2	2	6
3	A3	1	3
4	A4	4	1

1. 解题思路

根据动态规划解题思路，可以把求解过程分为最小子解，看看 1 体积背包最优解是几个物品价格的组合；然后在 1 体积最优解的基础上，求 2 体积背包的最优解是几个物品价格的组合；依次类推，最后推算出 9 体积背包的最优解。

最优解的求解过程，需要通过二维表做记录，方便后续步骤直接使用，避免反复计算，其记录表格设计如表 10.3 所示。其中 i 代表第 i 个物品（对应表 10.3 行位置），j 代表背包分解的体积大小（对应表 10.3 列的位置）。

表 10.3　0-1 背包动态规划求解记录

i	j									
	0 体积	1 体积	2 体积	3 体积	4 体积	5 体积	6 体积	7 体积	8 体积	9 体积
0	0	0	0	0	0	0	0	0	0	0
1	0	0	0	0	0	5	5	5	5	5
2	0	0	6	6	6	6	6	11	11	11
3	0	3	6	9	9	9	9	11	14	14
4	0	3	6	9	9	9	9	11	14	14

为了动态规划依据前一决策结果，表 10.3 的第 0 体积列第 0 行作为求当前值辅助，没有其他实质意义。

在表10.3的基础上，借助动态规划解答思路，可以人工推理求解如下。

第一步，求1号物品（体积为5，价格为5），在1体积，2体积，…，9体积依次递推求解的情况下，得到的结果为0，0，0，0（1体积到4体积情况下，无法装入1号物品），5体积到9体积情况下都可以装入1号物品，其对应填写价格都为5。

第二步，求先装入2号物品（体积为2，价格为6）的情况（再考虑与1号物品的组合），能否依次被1体积到9体积装入；求解为1体积无法装入，上一行最优解为0（i–1,j），则（i,j）处也填写0；2体积到6体积情况下，刚好可以装入2号物品，填写价格为6；7号物品到9号物品情况下，除了装入2号物品外，还可以装入1号物品，以2号物品对应的7体积为例，2号物品5体积小于7体积，可以装入该物品，于是判断上一行最优解的坐标（i–1,j–w）=（1,7–2）对应的最优解价值为5，则在5价值的基础上加当前物品的价值6合计为11（装入新物品），若不装入，则意味只能装入1号物品，其价值为5，两个值取大者，则第二步最优解为11。

第三步，求3号物品装入情况……

第四步，求4号物品装入情况……

由此，在物品装入过程中，需要做两种状态的比较：

（1）当前需要装入的物品体积大于背包空间（v[i]>j）时：

当前位置的价格为V(i,j)=V(i–1,j)，即当前（i）物品与上一行（i–1）物品对应j位置的物品存放价格一样；

（2）当前需要装入的物品体积不大于背包剩余空间（v[i]<=j）时：

背包还有足够的空间装入当前物品，但是不一定是最优解，所以需要在装与不装之间选择一个最大值：V(i,j)=max｛V(i–1,j)，v(i)+V(i–1,j–

w(i))｝，其中 V(i−1,j−w(i)) 为上一行最优解，v(i) 为 i 行当前物品的价格。

2. 代码实现

代码文件：10_5_2_01napsack.py

```
# -*- coding: utf-8 -*-
"""
Created on Tue Jul 19 22:51:15 2022
0-1 背包用动态规划求解
@author: 三酷猫
"""

vol_max=9                               # 背包最大可以装载的体积
values=[5,6,3,1]                        # 物品价格
volumes=[5,2,1,4]                       # 物品对应的体积

def bagValue(volume,value,m):
    i_len=len(volume)                   # 物品数量
    dp=[[0]*(m+1) for _ in range(i_len)]
                                        # 值都为 0 的 4 行 10 列二维表
    for j in range(1,m+1):              # 处理 i=0 行时的解
        if volume[0]<=j:
            dp[0][j]=value[0]
                                  # 第一个物品能装入，就赋值第一个物品的价格
    for i in range(1,i_len):            # 处理 1 到 3 行的物品
        for j in range(1,m+1):          # 处理每行的 1 到 9 列的最优解
            if j<volume[i]:             # 如果物品装不下
                dp[i][j]=dp[i-1][j]     # 上一行对应的价值赋给当前值
            else:
                dp[i][j]=max(dp[i-1][j],dp[i-1][j-volume[i]]
+value[i])
    for line in dp:
        print(line)
return dp[-1][-1]

Solve=bagValue(volumes,values,vol_max)
print('在空间为 %d 的包里最多可以放入价值为 %d 的物品 '%(vol_max,Solve))
```

上述代码执行结果如下：

```
[0, 0, 0, 0, 0, 5, 5, 5, 5, 5]
[0, 0, 6, 6, 6, 6, 6, 11, 11, 11]
[0, 3, 6, 9, 9, 9, 9, 11, 14, 14]
[0, 0, 0, 0, 9, 9, 9, 11, 14, 14]
在空间为 9 的包里最多可以放入价值为 14 的物品
```

10.5.3　买卖股票问题

用列表 prices 记录同一支股票若干天的价格，如 prices=[9,2,8,4,1,5] 表示记录 6 天的股票价格，用动态规划思想求买卖一次股票的情况下，能获取最大利润的结果。这实质上要求买入当天的股票价格相对小（而不一定最小），卖出当天的股票价格最高，它们的差（利润）最大。

在买入股票当天的前面任何一天股价,都不能作为卖出股票予以考虑。如 prices 里第 5 天的股价为 1，假设这一天作为买入股价，那么它不能去取第一天的股价作为卖出股价，而只能取第 6 天的股价作为卖出股价。

在利用动态规划思想求解情况下，需要考虑 prices 股价的任何组合，记录其最大利润，同步记录在同一阶段情况下最大解的最小买入股价 minPrice。如假设第一天买入股价是 9，则无法卖出，最大利润记作 0，minPrice=9；第二天股价是 2，但是无法卖出，最大利润仍旧为 0，minPrice=2（作为新的买入股价）；第三天股价是 8，可以卖出，最大利润为 6，minPrice=2（与 8 相比，仍旧为最小买入价）；依次类推，求最后利润最大值。

代码文件：10_5_3_stock.py

```
# -*- coding: utf-8 -*-
"""
Created on Wed Jul 20 22:15:36 2022
买卖股票问题（一买一卖情况下动态规划算法）
```

```
@author: 三酷猫
"""

def maxProfit(prices):
    dp=[0]                  # 第一次买入股票当天没有利润，用 0 表示
    lens=len(prices)
    if lens<2: # 没有卖出机会
        return 0
    else:
        minPrice=prices[0]
                            # 在动态递推过程记录每阶段股票买入最小股价
        for i in range(1,lens):
                            # 从买入股价第二天开始递推利润最大值
            minPrice=min(minPrice,prices[i])
                            # 记录已比较阶段的最小卖出股价
            dp.append(max(dp[i-1],prices[i]-minPrice))
                            # 当前卖出利润与前 1 天卖出利润取大者
        print('动态规划过程记录利润值：',dp)
        MaxProfit=max(dp)                            # 获取最大利润
        SalePrice=prices[dp.index(MaxProfit)]  # 卖出股价值
        BuyPrcie=SalePrice-MaxProfit               # 买入股价值
        return MaxProfit,SalePrice,BuyPrcie

prices=[9,2,8,4,1,5]
profit,Sale,Buy=maxProfit(prices)
print('股票日每天价格',prices)
if profit!=0:                                      # 利润不为 0
    print('股票最大获利值为：%d(买入价格 %d，卖出价格 %d)'
%(profit,Buy,Sale))
else:
    print('股票无法产生利润！')
```

代码执行结果如下：

```
动态规划过程记录利润值：  [0, 0, 6, 6, 6, 6]
股票日每天价格 [9, 2, 8, 4, 1, 5]
股票最大获利值为：6(买入价格 2，卖出价格 8)
```

10.5.4　求最短路径问题

求 A 城市和 B 城市之间的最短路径，可以通过动态规划算法实现。图 10.7 所示的为 A 城市可以到达 B 城市的所有路径。

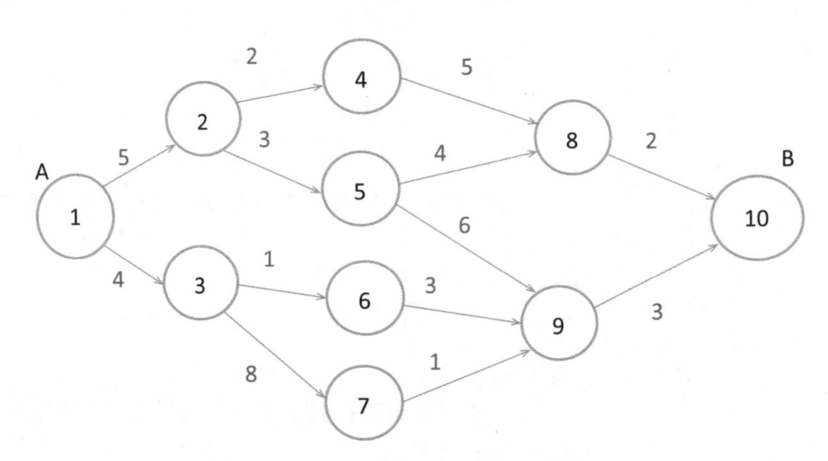

图10.7　A城市到B城市的路径

为了方便计算，可以用二维表先建立每个经过的节点之间的距离关系，如图 10.8 所示。左边第一列代表当前阶段节点与顶端第一行所有节点之间的后连接关系（当前阶段节点与后一阶段节点关系），没有关系的设置为 0，有关系的设置为节点之间的距离值。

	1	2	3	4	5	6	7	8	9	10
1	0	**5**	**4**	0	0	0	0	0	0	0
2	0	0	0	**2**	**3**	0	0	0	0	0
3	0	0	0	0	0	**1**	**8**	0	0	0
4	0	0	0	0	0	0	0	**5**	0	0
5	0	0	0	0	0	0	0	**4**	**6**	0
6	0	0	0	0	0	0	0	0	**3**	0
7	0	0	0	0	0	0	0	0	**1**	0
8	0	0	0	0	0	0	0	0	0	**2**
9	0	0	0	0	0	0	0	0	0	**3**
10	0	0	0	0	0	0	0	0	0	0

图10.8　用二维表记录前后阶段节点之间的距离关系

从图 10.8 可以看出，1 节点与 2 节点的距离是 5，与 3 节点的距离是 4，于是可以得到 1 节点到 2、3 节点的最短距离为 4；

2 节点到 4 节点距离为 2，到 5 节点距离为 3，于是 2 节点到 4、5 节点的最短距离为 2，1、2、4 节点距离和为 5+2=7。

把问题分解为求每个节点距离 A 节点的最优解，从最左边节点开始求解，从前一阶段的节点推算当前节点的最优解。如从 4、5 节点的最优解推算 8 节点的最优解；从 8、9 节点的最优解推算 10（B）节点的最优解，得到该题的整体最优解。

为了避免前节点最优解的重复计算，可以把计算结果放回图 10.8 里，用过程最优解替代当前节点的距离值。

代码文件：10_5_4_MinPath.py

```
# -*- coding: utf-8 -*-
"""
Created on Thu Jul 21 23:39:01 2022
求最短路径，动态规划
@author: 三酷猫
"""
import numpy as np
data=[[0,5,4,0,0,0,0,0,0,0],
      [0,0,0,2,3,0,0,0,0,0],
      [0,0,0,0,0,1,8,0,0,0],
      [0,0,0,0,0,0,0,5,0,0],
      [0,0,0,0,0,0,0,4,6,0],
      [0,0,0,0,0,0,0,0,3,0],
      [0,0,0,0,0,0,0,0,1,0],
      [0,0,0,0,0,0,0,0,0,2],
      [0,0,0,0,0,0,0,0,0,3],
      [0,0,0,0,0,0,0,0,0,0]]
paths=np.array(data)
def minPath(solution,index):     #求当前节点的前置节点里的最优解

    GetNumber=[]
    i=0
    while i<=index:
        if solution[i]!=0:       #去掉 0
            GetNumber.append(solution[i])
        i+=1
    return min(GetNumber)

j=2                #j 代表需要做最优解的当前节点下标，在 paths 中为列下标
```

```
while j<=9:              # 从左到右列一个个求当前节点最优解
    i=0                  # 为当前节点的前置节点下标，在 paths 中为行下标
    while i<=j:                   # 找有关系的节点，0 为没有关系
        if paths[i][j]>0:         # 大于 0 的为有关系
            if i>0:               # 开始节点，前置最优解为 0
                print('当前节点',j+1,'的前置节点解为',
paths[:,i])
                paths[i][j]=minPath(paths[:,i],j)+paths[i][j]
                        # 前置节点最优解 + 与当前节点的距离


        i+=1
    j+=1
print('最优解推理过程记录：')
print(paths)
AtoBMinPath=minPath(paths[:,9],9)
print('A 城市到 B 城市最短路径距离为：',AtoBMinPath)
```

代码执行结果如下：

```
当前节点 4 的前置节点解为 [5 0 0 0 0 0 0 0 0 0]
当前节点 5 的前置节点解为 [5 0 0 0 0 0 0 0 0 0]
当前节点 6 的前置节点解为 [4 0 0 0 0 0 0 0 0 0]
当前节点 7 的前置节点解为 [4 0 0 0 0 0 0 0 0 0]
当前节点 8 的前置节点解为 [0 7 0 0 0 0 0 0 0 0]
当前节点 8 的前置节点解为 [0 8 0 0 0 0 0 0 0 0]
当前节点 9 的前置节点解为 [0 8 0 0 0 0 0 0 0 0]
当前节点 9 的前置节点解为 [0 0 5 0 0 0 0 0 0 0]
当前节点 9 的前置节点解为 [0  0 12  0  0  0  0  0  0  0]
当前节点 10 的前置节点解为 [0  0  0 12 12  0  0  0  0  0]
当前节点 10 的前置节点解为 [0  0  0  0 14  8 13  0  0  0]
最优解推理过程记录：
[[0  5  4  0  0  0  0  0  0  0]
 [0  0  0  7  8  0  0  0  0  0]
 [0  0  0  0  0  5 12  0  0  0]
 [0  0  0  0  0  0  0 12  0  0]
 [0  0  0  0  0  0  0 12 14  0]
 [0  0  0  0  0  0  0  0  8  0]
 [0  0  0  0  0  0  0  0 13  0]
 [0  0  0  0  0  0  0  0  0 14]
 [0  0  0  0  0  0  0  0  0 11]
 [0  0  0  0  0  0  0  0  0  0]]
A 城市到 B 城市最短路径距离为： 11
```

当前节点的前置节点有多个时，会显示多个重复当前节点的解，如节点 9 有 3 个前置节点（可以与图 10.7 对照）。

10.6　练习和实验

1．填空题

（1）（　）是一种顺序排队的数据结构，使用有严格的约定。

（2）（　）是从头到尾依次比较查找指定值，一直比较到找到或查找到结尾还没有找到为止。

（3）（　）算法的优点是查找速度很快，缺点是需要存储元素对应的地址。

（4）（　）算法通过某种方式列举所有答案的过程。

（5）（　）算法仅考虑局部最优，动态规划是全局性最优的一类算法。

2．判断题

（1）栈可以看作是只能在一端进行元素入列出列操作的特殊队列。（　）

（2）查找算法对需要查找的元素队列，无排序要求。（　）

（3）二分查找算法也称为折半查找算法，以实现在有序元素条件下的快速查找。（　）

（4）选择排序是指每一步将待排序元素插入前面已经排序的有序序列中，一直到所有的元素都被插入为止。（　）

（5）快速排序是对冒泡排序的一种改进。（　）

1 号到 10 号小朋友围成一个圆圈坐在一起，一名老师在旁边敲鼓，从 1 号小朋友开始往后传花，敲一下鼓花往下传一个，当鼓声停止时，该接花的小朋友出列，花继续往下传，一直到只剩一名小朋友为止，游戏结束。

实验要求：

（1）用队列存储排队的小朋友；

（2）用随机函数表示老师敲鼓次数；

（3）每出列一名小朋友，输出该小朋友的序号。

第十一章 图像算法

一般的数字图像都可以看成是多维数组的像素属性值记录，通过一些数学公式进行计算，这样可以改变图像的展现特征。这些知识是进一步学习图像识别等高级人工智能知识的基础。

11.1 空间距离和面积

在对图像进行处理时，经常会碰到测量距离和面积的问题，如测量人的身高、田地的面积等。

11.1.1 空间距离

在一个平面里求两点的距离，这是很简单的事情。这里把求距离问题放到三维空间里，利用欧氏距离（欧几里得距离，Euclidean Distance）公式求两点间的距离。定义三维坐标两点间（A（x_1,y_1,z_1）、B（x_2,y_2,z_2））的欧氏距离公式为

$$d=\sqrt{(x_1-x_2)^2+(y_1-y_2)^2+(z_1-z_2)^2} \tag{11.1}$$

求图 11.1 的 A、B 两点之间的距离。

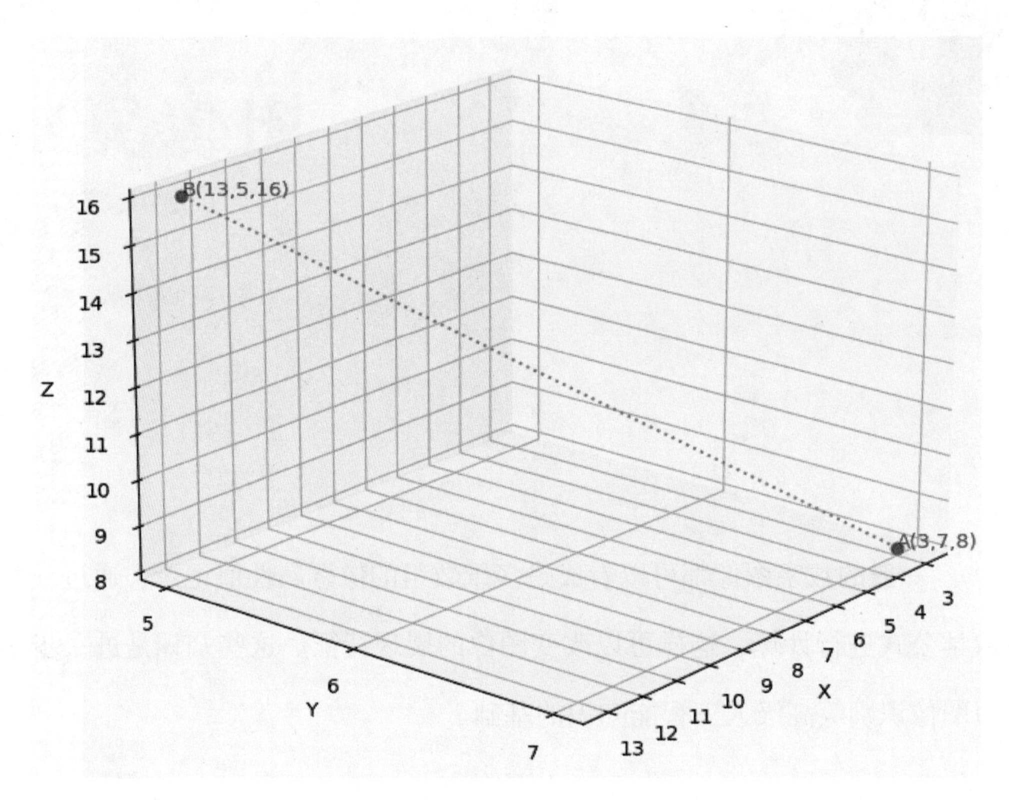

图11.1　三维空间A、B点及其连线

代码文件：11_1_1_Distance.py

```
# -*- coding: utf-8 -*-
"""
Created on Sat Jul 23 15:50:33 2022
用欧氏距离公式求空间距离
@author: 三酷猫
"""
import math

def Distance(A,B):                    # 利用欧几里得距离公式求两点间的距离
    return math.sqrt((A[0]-B[0])**2+(A[1]-B[1])**2+(A[2]-
B[2])**2)
A1=(3,7,8)                            #A 点的空间坐标 x,y,z
B1=(13,5,16)                          #B 点的空间坐标 x,y,z
d=Distance(A1, B1)
print('A 与 B 的空间距离为：',d)
```

上述代码执行结果如下：

```
A 与 B 的空间距离为：  12.96148139681572
```

11.1.2　空间面积

在三维空间 A、B、C 三点可以构成一个空间平面，如图 11.2 所示。

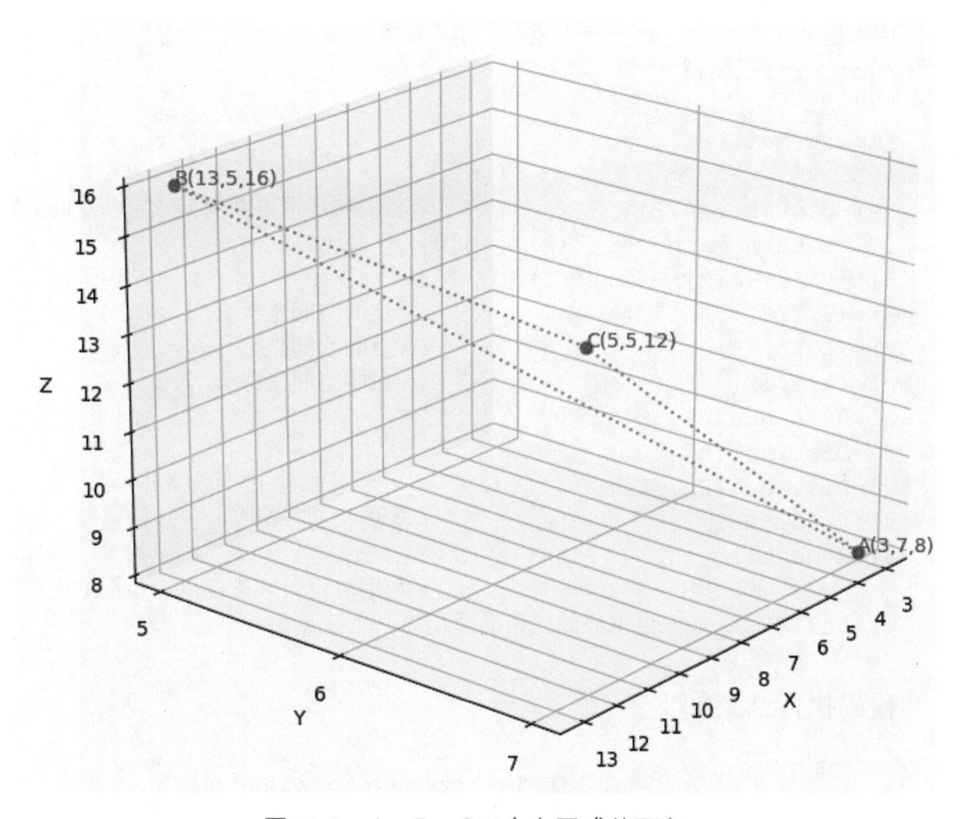

图11.2　A、B、C三个点围成的面积

在 11.1.1 节欧氏距离公式的基础上，可以求出 A、B、C 三点的三个线段的距离，然后利用海伦公式求出任意三角形的面积。

设置 a、b、c 为任意三角形的三个边长，其半周长为 $s = (a + b + c)/2$，则海伦公式为

$$area = \sqrt{s \times (s-a) \times (s-b) \times (s-c)} \tag{11.2}$$

用欧氏距离公式和海伦公式求图 11.2 中 A、B、C 三点围成的三角形面积。

代码文件：11_1_2_Area.py

```
# -*- coding: utf-8 -*-
"""
Created on Sat Jul 23 15:50:33 2022
用海伦公式求 A、B、C 三点围成的三角形面积
@author: 三酷猫
"""
import math

def Distance(A,B):                          # 利用欧几里得距离公式求两点间的距离
    return math.sqrt((A[0]-B[0])**2+(A[1]-
B[1])**2+(A[2]-B[2])**2)
A1=(3,7,8)                                  #A 点的空间坐标 x,y,z
B1=(13,5,16)                                #B 点的空间坐标 x,y,z
C1=(5,5,12)                                 #C 点的空间坐标 x,y,z
d1=Distance(A1, B1)
d2=Distance(A1, C1)
d3=Distance(B1, C1)
s=(d1+d2+d3)/2                              # 求周长的一半
area=math.sqrt(s*(s-d1)*(s-d2)*(s-d3))
                                            # 利用海伦公式求任意三角形的面积
print('A、B、C 三点围成的三角形面积为：',area)
```

代码执行结果如下：

```
A、B、C 三点围成的三角形面积为： 14.966629547095781
```

11.2 归一化

归一化（Normalization）是指通过对数据处理把它们的值限定在指定范围内，多限定在 [0,1] 范围内。通过归一化处理的数据保留了原有数据之间的数值关系，同时做了无量纲处理（跟原始数据的单位没有关系了），

这有利于数据的分析和计算。

在数据分析和人工智能处理数据前，往往需要对原始数据进行归一化处理，方便数据分析和算法处理。图像数据也可以进行归一化处理。

11.2.1　最大最小归一化

对需要处理的数据集，取出最大值 x_{max}、最小值 x_{min}，用式（11.3）做归一化处理。

$$x_{normalization} = \frac{x-x_{min}}{x_{max}-x_{min}} \tag{11.3}$$

式中：x 为数据集的任意一个元素；xnormalization 为归一化后的结果值。

对 [0,25,106,255,9,200,220] 颜色值进行归一化处理，代码示例如下：

代码文件：11_2_1_MaxMin.py

```
 # -*- coding: utf-8 -*-
"""
Created on Sat Jul 23 20:22:18 2022
最大最小归一化
@author: 三酷猫
"""
import numpy as np
color=[0,25,106,255,9,200,220]
def MaxMinNorm(Data):
    maxV=np.max(color)                            # 取最大值
    minV=np.min(color)                            # 取最小值
    NewData=[]                                    # 记录归一化后的值
    for one in Data:
        NewData.append((one-minV)/(maxV-minV))# 用归一化公式处理
    return NewData
r=MaxMinNorm(color)
print('原始颜色数据集为：',color)
print('归一化后的颜色值为：',r)
```

执行结果如下：

```
原始颜色数据集为： [0, 25, 106, 255, 9, 200, 220]
归一化后的颜色值为： [0.0, 0.09803921568627451,
 0.41568627450980394, 1.0, 0.03529411764705882,
 0.7843137254901961, 0.8627450980392157]
```

归一化后的颜色值都落在 [0,1] 范围内。

最大最小归一化适用于大多数数据，可以较好地保持数据之间的分布结构关系，对于异常值很敏感（如颜色值超过 255 的数），不适用于稀疏数据的归一化处理。

11.2.2 Z-Score 归一化

Z-Score 归一化又称为标准分数，是一个数与均值（Mean）的差再除以标准差（Standard Deviation）的过程，其公式为

$$X_{noramlization}=\frac{x-\mu}{\sigma} \quad (11.4)$$

式中：μ 为均值，σ 为标准差，这两个值可以通过 6.3.3 节的 mean( )、std( ) 分别求得。

用 Z-Score 归一化处理颜色值 [0,25,106,255,9,200,220]。

代码文件：11_2_2_Z-Score.py

```
# -*- coding: utf-8 -*-
"""
Created on Sat Jul 23 20:22:18 2022
Z-Score 归一化处理颜色值
@author: 三酷猫
"""

import numpy as np
color=[0,25,106,255,9,200,220]
```

```
def ZScoreNorm(Data,mean,std):
    NewData=[]
    for one in Data:
        NewData.append((one-mean)/std)
    return NewData
mean=np.mean(color)
std=np.std(color)
r=ZScoreNorm(color,mean,std)
print('原始颜色数据集为：',color)
print('归一化后的颜色值为：',r)
print('归一化后的均值：',np.mean(r))
print('归一化后的标准差：',np.std(r))
```

执行结果如下：

```
原始颜色数据集为： [0, 25, 106, 255, 9, 200, 220]
归一化后的颜色值为： [-1.1603331057335518,
 -0.9111818253613168, -0.1039316769552752,
 1.3810099540632454, -1.070638644799547, 0.8328771372443285,
 1.0321981615421165]
归一化后的均值： -3.172065784643304e-17（近似为0）
归一化后的标准差： 0.9999999999999998（近似为1）
```

Z-Score 归一化适用于大多数数据，但是它是一种中心化方法，会改变数据之间的分布结构关系，不适用于稀疏数据的归一化处理。

11.2.3　Sigmoid 函数归一化

Sigmoid 函数公式如式（11.5）所示，其 x 趋向正无穷时，映射的结果会趋向 1；x 趋向负无穷时，映射的结果会趋向 0；x 为 0 时，映射值为 0.5，该值是映射值 [0,1] 的分界点。

$$X_{noramlization}=\frac{1}{1+e^{-x}} \tag{11.5}$$

用 Sigmoid 函数归一化处理颜色值 [0,25,106,255,9,200,220]。

代码文件：11_2_3_Sigmoid.py

```
# -*- coding: utf-8 -*-
"""
Created on Sat Jul 23 20:22:18 2022
Sigmoid 函数归一化处理颜色值
@author: 三酷猫
"""
import numpy as np
color=[0,25,106,255,9,200,220]
def SigmoidNorm(Data):
    NewData=[]
    for x in Data:
        NewData.append(1/(1+np.exp(-float(x))))
    return NewData

r=SigmoidNorm(color)
print('归一化后的颜色值为：',r)
```

代码执行结果如下：

```
归一化后的颜色值为： [0.5, 0.999999999986112, 1.0, 1.0,
 0.9998766054240137, 1.0, 1.0]
```

Sigmoid 函数归一化适用于大多数数据，但是会改变数据之间的分布结构关系，对异常值不敏感。

11.2.4 [案例] 对图像做归一化处理

掌握了 11.2 节数据归一化算法后，可以对具体的图像进行归一化操作处理。

对原始 sea.jpg 图像进行最大最小归一化、Z-Score 归一化处理。

代码文件：11_2_4_NormPicture.py

```
# -*- coding: utf-8 -*-
"""
Created on Sun Jul 24 15:32:56 2022
对原始图像进行最大最小归一化、Z-Score 归一化处理
@author: 三酷猫
"""
import numpy as np
import matplotlib.pyplot as plt
plt.rc('font', family='simhei', size=15)
                                       # 设置中文显示、字体大小
fig=plt.figure(3)
img=plt.imread(r'G:\study\picture\sea.jpg')
                                       # 读取指定路径下的 JPG 图像
plt.subplot(2, 2,1)                    # 准备显示第一张原始图像
plt.title('原始图像！')
plt.imshow(img)

plt.subplot(2, 2,2)                    # 准备显示第二张最大最小归一化图像
plt.title('图像最大最小归一化！')
def MaxMinNorm(Data):
    Data=Data/255
    return Data
img_one=MaxMinNorm(img)
plt.imshow(img_one)                    # 显示最大最小归一化后的图像

plt.subplot(2, 2,3)                    # 准备显示第三张 Z-Score 归一化图像
plt.title('Z-Score 归一化！')
mean=np.mean(img)
std=np.std(img)
def ZScoreNorm(Data,m,s):
    Data=(Data-m)/s
    return Data
img_two=ZScoreNorm(img,mean,std)
plt.imshow(img_two)                    # 显示 Z-Score 归一化后的图像
```

上述代码执行结果显示如图 11.3 所示：左上角为原始图像；右上角为最大最小归一化处理结果，图像颜色分布与原始图像差不多，主要区别是最大最小归一化对像素值范围进行了处理；左下角为 Z-Score 归一化处

理结果，与原始图像相比，Z-Score 归一化使图像颜色明显加深。

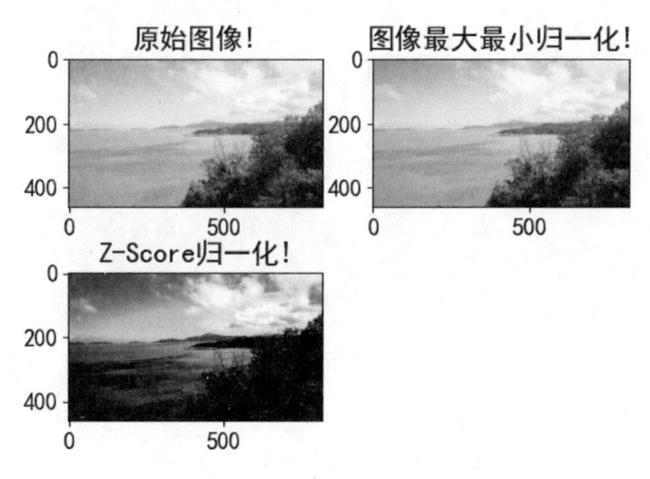

图11.3　显示归一化图像

11.3　[案例] 调整图像亮度

亮度是人眼对光强度的感受。在 RGB 格式的图像里，像素每个通道的值越大亮度越大。

常用的调整亮度公式为

$$g(x,y,c) = a \times f(x,y,c)+b \tag{11.6}$$

式中：f(x,y,c) 为第 x 行第 y 列第 c 个像素通道值；a 为像素值调整系数，可以放大像素 RGB 通道的值，建议调整系数范围为 [0,3]（可以是浮点数）；b 为亮度直接增加值；c 为 R、G、B 三个通道下标，用于确定增加哪个通道的值。无论是系数增加亮度，还是直接亮度增加，像素最大值不能超过 255，所以需要对超过 255 的值做最大限制。

利用式（11.6）修改图片的每个像素值，实现图像亮度变亮。

代码文件：11_3_brightness.py

```
# -*- coding: utf-8 -*-
"""
Created on Wed Jul 27 21:59:58 2022
调整图像的亮度
@author: 三酷猫
"""
import matplotlib.pyplot as plt
plt.rc('font', family='simhei', size=15)# 设置中文显示、字体大小
fig=plt.figure(2)
img=plt.imread(r'G:\study\picture\cat3.jpg')
                                        # 读取指定路径下的 JPG 图像
plt.subplot(2, 1,1)
plt.title('原始图像！')
plt.imshow(img)

img1=plt.imread(r'G:\study\picture\cat3.jpg')
                                        # 读取指定路径下的 JPG 图像
dst=img1.copy()                         # 复制当前图像数组对象
rows,cols,channels=img1.shape           # 获取图像的行数、列数、RGB 通道数
a=3                                     # 这里像素值放大倍数为 3
b=180                                   # 设置亮度值增加 180
for i in range(rows):                   # 读取图像每一行记录
    for j in range(cols):               # 读取图像每一行对应的列记录
        for c in range(3):              # 读取 i 行 j 列对应的通道记录
            color=img1[i,j][c]*a+b# 当前像素值根据调整亮度公式计算
            if color>255:               # 如果设置像素值超过 255
                dst[i,j][c]=255         # 则像素值设置为 255
            elif color<0:               # 如果像素值小于 0
                dst[i,j][c]=160         # 则当前像素值设置为 160
plt.subplot(2, 1,2)
plt.title('亮度调整后的图像！')
plt.imshow(img1)
```

上述代码执行结果如图 11.4 所示，图 11.4 上图为比较暗的原始图像，下图为调整亮度后的图像。

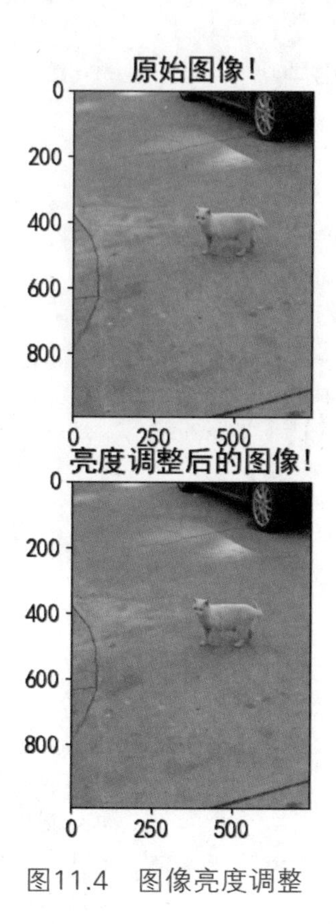

图11.4　图像亮度调整

11.4　[案例]随机打马赛克

对于敏感图像内容，打马赛克是一种常见的图像处理方法。在图像上打马赛克有很多种算法。这里提供随机产生指定大小马赛克的算法。马赛克本身采用马赛克矩形左上角的像素值，实现马赛克区域所有像素值的替换。

代码文件：11_4_Mosaic.py

```
# -*- coding: utf-8 -*-
"""
Created on Sun May 29 07:32:19 2022
为图像随机打马赛克
@author: 三酷猫
"""
```

```
import matplotlib.pyplot as plt
import random
img=plt.imread(r'G:\study\picture\cat1.png')
                                        # 读取指定路径下的 PNG 图像
plt.rc('font', family='simhei', size=15) # 设置中文显示、字体大小
fig=plt.figure(1,figsize=(16,8))
plt.title('图像随机打马赛克')
width,hight,channel=img.shape
w1=200                                   # 马赛克的宽度
h1=80                                    # 马赛克的高度
d=0                                      # 控制随机打马赛克的个数
while d<5 :                              # 随机打 5 个马赛克
    x=random.randint(0,width-w1)
                                 # 随机产生一个马赛克的左上角 x 坐标值
    y=random.randint(0,hight-h1)
                                 # 随机产生一个马赛克的左上角 y 坐标值
    m=img[x,y]                   # 取出一个点的像素通道记录
    i=0
    while i<w1:                  # 定位图像打马赛克的宽度坐标
        j=0
        while j<h1:              # 定位图像打马赛克的高度坐标
            img[i+x,j+y]=m
                # 用左上角像素颜色通道值统一替代马赛克区域所有像素值
            j+=1
        i+=1
    d+=1                         # 控制打 5 个马赛克
plt.imshow(img)                  # 显示带马赛克的图片
```

上述代码执行结果如图 11.5 所示，随机产生 5 个竖向的马赛克。

图11.5　带5个马赛克的图像

11.5 [案例]灰度处理

把彩色图像处理成灰色图像（俗称的“黑白照片”），在图像人工智能识别时可以忽略彩色因素，加快图像处理速度。

当图像像素点的颜色通道值 R=G=B 时，彩色图像颜色就会变成一种灰度颜色。由此，改变图像的 RGB 通道值，就可以实现灰度处理效果。常见的灰度处理方法有最大值法、平均值法、加权平均法。

最大值法就是取 R、G、B 三个通道值的最大值作为它们的公共灰度处理值；

平均值法就是取 R、G、B 三个通道值的平均值作为它们的公共灰度处理值；

加权平均法就是分别取 R×0.299、G×0.587、B×0.114 作为新的三个通道值，其中绿色通道值权重最大（为 0.587），因为人眼对绿色的敏感度最高，红色次之，蓝色最低。

分别用最大值法、平均值法、加权平均法把彩色图像处理成灰色图像。

代码文件：11_5_gray.py

```
# -*- coding: utf-8 -*-
"""
Created on Wed Jul 27 21:59:58 2022
图像的三种灰度处理方法
@author: 三酷猫
"""
import matplotlib.pyplot as plt
import numpy as np
plt.rc('font', family='simhei', size=15)#设置中文显示、字体大小
fig=plt.figure(4)
img=plt.imread(r'G:\study\picture\cat2.jpg')
                                        #读取指定路径下的JPG图像
```

```
plt.subplot(2, 2,1)
plt.title('原始图像！')
plt.imshow(img)

#最大值法处理图像灰度
img1=plt.imread(r'G:\study\picture\cat2.jpg')
                                    #读取指定路径下的 JPG 图像
dst=img1.copy()                     #复制当前图像数组对象
rows,cols,channels=img1.shape #获取图像的行数列数、RGB 通道数
for i in range(rows):               #读取图像每一行记录
    for j in range(cols):           #读取图像每一行对应的列记录
        max1=np.max([img1[i,j][0],img1[i,j][1],img1[i,j][2]])
        dst[i,j]=[max1,max1,max1]
                                    #将当前像素三个通道值都设置为最大值
plt.subplot(2, 2,2)
plt.title('最大值法处理图像灰度')
plt.imshow(dst)

#平均值法处理图像灰度
img1=plt.imread(r'G:\study\picture\cat2.jpg')
                                    #读取指定路径下的 JPG 图像
dst1=img1.copy()                    #复制当前图像数组对象
rows,cols,channels=img1.shape #获取图像的行数列数、RGB 通道数
for i in range(rows):               #读取图像每一行记录
    for j in range(cols):           #读取图像每一行对应的列记录
        avg=int(np.average([img1[i,j][0],img1[i,j][1],
img1[i,j][2]]))
        dst1[i,j]=[avg,avg,avg]#将当前像素三个通道值都设置为平均值
plt.subplot(2, 2,3)
plt.title('平均值法处理图像灰度')
plt.imshow(dst1)

#加权平均法处理图像灰度
img1=plt.imread(r'G:\study\picture\cat2.jpg')
                                    #读取指定路径下的 JPG 图像
dst2=img1.copy()                    #复制当前图像数组对象
rows,cols,channels=img1.shape       #获取图像的行数列数、RGB 通道数
for i in range(rows):               #读取图像每一行记录
    for j in range(cols):           #读取图像每一行对应的列记录
        g=[img1[i,j][0]*0.299,img1[i,j][1]*0.587,img1[i,j][2]*
0.114]
        dst2[i,j]=g           #将当前像素三个通道值都设置为加权平均值
```

```
plt.subplot(2, 2,4)
plt.title('加权平均法处理图像灰度')
plt.imshow(dst2)
```

上述代码执行结果如图 11.6 所示。

图11.6　图像的三种灰度处理方法处理结果

11.6　练习和实验

练习

1. 填空题

（1）欧氏距离公式为（　）。

（2）求三角形的面积的海伦公式为（　），其中 s 为三角形的半周长，a、b、c 为三条边。

（3）最大最小归一化公式为（　）。

（4）（　　）归一化又称为标准分数，是一个数与均值（Mean）的差再除以标准差（　　）的过程。

（5）Sigmoid 归一化函数公式为（　　）。

2. 判断题

（1）归一化是指通过对数据处理把它们的值限定在[0,1]范围内。（　　）

（2）一般的数字图像都可以看成是多维数组的像素属性值记录。（　　）

（3）归一化对数据做了无量纲处理（跟原始数据的单位没有关系），这有利于数据的分析和计算。（　　）

（4）对数据进行归一化处理，不会影响数据之间的关系。（　　）

（5）最大最小归一化适用于大多数数据，可以较好地保持数据之间的分布结构关系，对异常数据很敏感（如颜色值超过 255 的数），不适用于稀疏数据的归一化处理。（　　）

实验要求：

（1）随意找一张有人脸的照片；

（2）通过打马赛克，使人们无法识别这个人；

（3）所打马赛克能反映人脸的轮廓，既要看出来是人脸，又要认不出是谁；

（4）提示，在人脸区域选用适当大小的马赛克，然后从上到下，从左到右，连续打马赛克。

第十二章

国内外青少年竞赛知识

青少年通过本书学习编程，除了提高逻辑思维能力，掌握编程知识外，可以为进一步深造，或参加各类竞赛打下了基础。

对于想通过 Python 语言的学习参加各类竞赛的读者，这一章为读者打开了竞赛的大门。

12.1 蓝桥杯

“蓝桥杯”是指蓝桥杯全国软件和信息技术专业人才大赛，由中华人民共和国工业和信息化部人才交流中心主办，国信蓝桥教育科技股份有限公司承办的计算机类学科竞赛，一年举办一次。

该竞赛内容难度适中，适合编程入门者竞赛体验。

12.1.1 竞赛介绍

竞赛参赛介绍详见官网每届的《蓝桥杯全国软件和信息技术专业人才大赛大赛章程（个人赛）》，以“第十四届蓝桥杯全国软件和信息技术专

业人才大赛大赛章程（个人赛）”为例。

1.“蓝桥杯”参赛对象

具有正式全日制学籍并且符合相关科目报名要求的研究生、本科、高职高专及中职中专学生（以报名时状态为准）、中小学生，以个人为单位进行比赛。

2. 比赛可选择内容

个人赛软件类、个人赛电子类、视觉艺术大赛三大类。以个人赛软件类为例，如表12.1所示，可以根据自己年龄、所在学校年级、所掌握编程语言，选择一项比赛项目进行准备，并参加比赛。

表12.1　蓝桥杯个人赛软件类比赛项目

序号	比赛项目	参赛对象要求
1	Java 软件开发	具有正式全日制学籍并且符合相关科目报名要求的研究生、本科、高职高专及中职中专学生（以报名时状态为准）
2	C/C++ 程序设计	
3	Python 程序设计	
4	Web 应用开发	
5	嵌入式设计与开发	
6	单片机设计与开发	
7	物联网设计与开发	
8	EDA 设计与开发	
9	青少年创意编程组	7~18 岁的中小学生

3. 报名方式

学校及选手登录蓝桥杯官方网站（www.lanqiao.cn）在线注册并报名，选手需要选定一名指导老师（事先可以咨询本校的信息化指导老师，或所在省市省赛点举办学校的组织老师）。

4．报名时间

一般在每年的 10 月初到 12 月中旬，具体看官网报名通知。

5．竞赛时间

第二年的 3、4 月份，参加当地的省赛；省赛获得全国决赛权，参加当年 5、6 月份的现场总决赛。

6．竞赛成果应用

大学获奖选手在部分高校保研时具有加分项照顾的优势，可以优先获得优质 IT 企业的面试机会。

说明

“青少年创意编程组”网上地址（https://www.lanqiaoqingshao.n/home），一般报名时间在当年的 3、4 月份。

12.1.2 竞赛内容简介

这里以 Python 软件类为例，根据《第十四届蓝桥杯全国软件和信息技术专业人才大赛个人赛（软件类）Python 组竞赛规则及说明》。

1．考试方式

一人一机，全程 4 小时，在线答题，题型分填空题、编程大题。

2．考查范围

Python 程序设计基础：包含使用 Python 编写程序的能力。该部分不考查选手对某一语言语法的理解程度，选手可以使用自己喜欢的语言编写程序。

计算机算法：枚举、排序、搜索、计数、贪心、动态规划、图论、数论、博弈论、概率论、计算几何、字符串算法等。

数据结构：数组、对象 / 结构、字符串、队列、栈、树、图、堆、平衡树 / 线段树、复杂数据结构、嵌套数据结构等。

样题：见官网《第十四届蓝桥杯全国软件和信息技术专业人才大赛个人赛（软件类）Python 组竞赛规则及说明》。

12.2　全国青少年信息学奥林匹克竞赛

全国青少年信息学奥林匹克竞赛，英文全称 National Olympiad in Informatics，简称 NOI，由教育部和中国科协委托中国计算机学会（China Computer Federation，简称 CCF）举办，一年举办一次。NOI 举办、报名官网为 https://www.noi.cn/。

12.2.1　竞赛介绍

NOI 是国内含金量最高的信息化大赛，与全国中学生数学奥林匹克竞赛、全国中学生物理奥林匹克竞赛、全国中学生化学奥林匹克竞赛、全国中学生生物学奥林匹克竞赛齐名。

NOI 也分省赛（又称为省选）、国赛两个比赛阶段。省赛结束后，NOI 将从正式选手中选出成绩前 50 名的选手，组成中国国家集训队。

参加 NOI 资格的前提，先参加 NOIP① 或 CSP-JS②，成绩优秀者才能参加 NOI 省选拔赛的资格。

① NOIP，全国青少年信息学奥林匹克联赛（National Olympiad in Informatics in Provinces）。

② CCF-J/S，CCF非专业级软件能力认证(Certified Software Professional Junior/Senior)。

为了顺利参加NOI，建议在初中，最晚在高一完成NOIP或CSP-J/S两个阶段（初赛、复赛）的选拔。

1. 参赛对象

初高中在校学生。

2. 竞赛报名及竞赛时间

选手先需要通过http://cspsj.noi.cn官网，参加CSP-JS报名；以2022年为例，报名时间为6月16日到9月8日，第一轮测试竞赛时间为9月18日，第二轮测试竞赛时间为10月22日，只有第一轮测试成绩优秀者，才能进入第二轮测试。

取得了CSP-JS或NOIP复赛资格后，才能进入各自省市省选NOI入围报名资格。以浙江省2022年的NOI省选赛为例，报名时间为3月13日至3月19日，NOI省选赛选拔竞赛时间为4月4日、4月5日，每天8:30–13:00，测试地点为杭州学军中学紫金港校区（可以在NOI官网https://www.noi.cn/gs/xw/的各省栏目查看）。

NOI国赛报名以2022年为例，报名时间为6月28日至7月5日12:00截止。2022年8月20日至27日在华东师范大学教育集团成员昆山狄邦华曜学校（原昆山市上海华二学校）举行。

12.2.2 竞赛内容简介

2021年CCF发布的《全国青少年信息学奥林匹克系列竞赛大纲》[①]

① https://www.noi.cn/generic/web/viewer.html?file=/upload/resources/file/2021/04/06/152179.pdf。

进一步明确了竞赛知识范围，有利于指导老师的教学和竞赛选手的学习。该大纲给出了入门级（Junior）、提高级（Senior）、NOI 级的竞赛知识范围，并给出了对应的难度系数，1 到 5 级为入门级，5 到 8 级为提高级，7 到 10 级为 NOI 级。

上机考试环境以 Linux 为主（入门级可以是 Windows 环境），主要编程工具为 C++。

1．入门级的主要考试范围

入门级的考试内容分为笔试和编程，主要涉及计算机基础与编程环境知识、C++编程基本语法、相关数据结构、函数、指针、传统经典入门算法(树、图、简单排序、图论、检索、动态规划等）及以中学为主的数学知识（初中数学、组合数学）。

2．提高级的主要考试范围

提高级的考试内容分为笔试和编程，主要涉及 Linux 下基本操作命令的使用、C++ 的使用、C++ 面向对象技术的初步使用、传统经典算法（排序、搜索、图论、动态规划等）及以中学为主的数学知识（高中数学、组合数学、初等数论、线性代数等）。

3．NOI 级的主要考试范围

NOI 级的主要考试内容为上机进行 C++ 程序设计，设计内容包括数据结构、复杂算法（策略性、字符串、图论、动态规划等）及高中大学数学（高等数学、信息论基础、组合数学、运筹学、概率论、线性代数、计算几何、博弈论）。

说明

学完了 Python 语言再学 C++ 语言，编程会容易得多。

12.3 国际大学生程序设计竞赛

国际大学生程序设计竞赛（International Collegiate Programming Contest，简称ICPC），由国际计算机学会（Association for Computing Machinery，简称ACM）主办，是全球最具影响力的大学生程序设计竞赛。

ICPC官网地址：https://icpc.global/。

ICPC赛事由各大洲区域预赛和全球总决赛两个阶段组成，区域预赛一般安排在上一年的9至12月举行，总决赛安排在每年的3至5月举行。原则上一个大学在一个区域预赛最多可以有3支队伍，最终只能有1支队伍参加全球总决赛。如东亚的ICPC总部设在北京大学，用于组织东亚区域赛。

国内主要区域预赛举办地大学包括上海大学、北京大学、清华大学、西安交通大学、中山大学、上海交通大学、四川大学、浙江大学、西安电子科技大学、西华大学、南京航空航天大学、北京航空航天大学、吉林大学、中国科学技术大学、北京交通大学、哈尔滨工程大学、杭州电子科技大学、西南民族大学、东华大学、哈尔滨工业大学、武汉大学、天津大学、浙江理工大学、福州大学、大连理工大学、复旦大学、北京邮电大学、成都东软学院、福建师范大学、东北师范大学、天津理工大学、浙江师范大学、南京理工大学、浙江工业大学、电子科技大学、湖南大学、辽宁科技大学、华南理工大学、北京师范大学、华东理工大学、牡丹江师范学院、南方科技大学、香港中文大学、香港科技大学、澳门大学、西北工业大学等。每年由具备条件的大学向东亚ICPC总部申请，并承办。

参赛以团队形式（3个人一组）进行，只能用1台计算机在5小时内

完成 10 道编程题的编写和结果提交，综合考验一个团队的协作能力、心理素质、创新能力、分析和解决问题能力、编程能力。区域竞赛所用编程语言可以是 C、C++、Java、Python。

参赛对象：主要以有编程经验的大学生为主。

ICPC 每年报名，以大学为组织单位，报名信息可以通过当地区域 ICPC 总部官网获取，如 ICPC 北京总部官网地址为 http://icpc.pku.edu.cn/index.htm。

比赛内容：各种算法编程。

部分 ICPC 赛历年真题学习地址：https://vjudge.csgrandeur.cn/contest/，题目全部用英文描述。

12.4 Kaggle 竞赛

Kaggle 主要为软件开发商、数据科学家提供数据发掘和预测竞赛、举办机器学习竞赛、托管数据库、编写和分享代码的网络平台，由联合创始人兼首席执行官 Anthony Goldbloom 于 2010 年在澳大利亚墨尔本创立。

Kaggle 官网地址：https://www.kaggle.com/。

12.4.1 参赛平台介绍

用浏览器打开 Kaggle 平台界面后，得到如图 12.1 所示的平台栏目信息。

https://www.kaggle.com/

kaggle Competitions Datasets Code Discussions Courses •••

图12.1 Kaggle 平台栏目

1. 平台栏目

最新的Kaggle栏目包括比赛（Competitions）、数据集（Datasets）、代码（Code）、讨论（Discussions）、课程（Courses）等栏目。

1）比赛（Competitions）栏目

该栏目是Kaggle发布比赛题目和参赛入口。参赛基本流程为：在该栏目的比赛模块里选择参赛题目，下载对应比赛测试数据，进行编程及模型训练，提交测试代码及结果，查看在线排名，继续优化测试代码（每天最多可以提交5次），最终提交比赛代码及结果数据，接受比赛结果。

2）数据集（Datasets）栏目

为网上公布的每个竞赛题提供对应的数据下载服务功能，下载的数据包括提交结果的示范、测试集、训练集，数据最常见的下载和提交格式为CSV格式。

3）代码（Code）栏目

这里可以看到其他参赛者自愿公开的模型代码，支持线上调试和运行自己的代码，目前支持Python语言、R语言，也支持Numpy、Pandas这些流行的数据分析库。

4）讨论（Discussions）栏目

为参赛者提供讨论Kaggle平台和机器学习主题的功能，包括分享反馈、提出问题等。

5）课程（Courses）栏目

为初次接触Kaggle者提供免费的入门课程培训内容。

2. Kaggle竞赛分类

Kaggle官网公开提供的公开竞赛类型如图12.2所示，包括特色型竞赛（Featured）、入门型竞赛（Getting Started）、研究型比赛（Research）、

社区型竞赛（Community）、游乐型竞赛（Playground）、仿真型竞赛（Simulations）、分析型竞赛（Analytics）等。

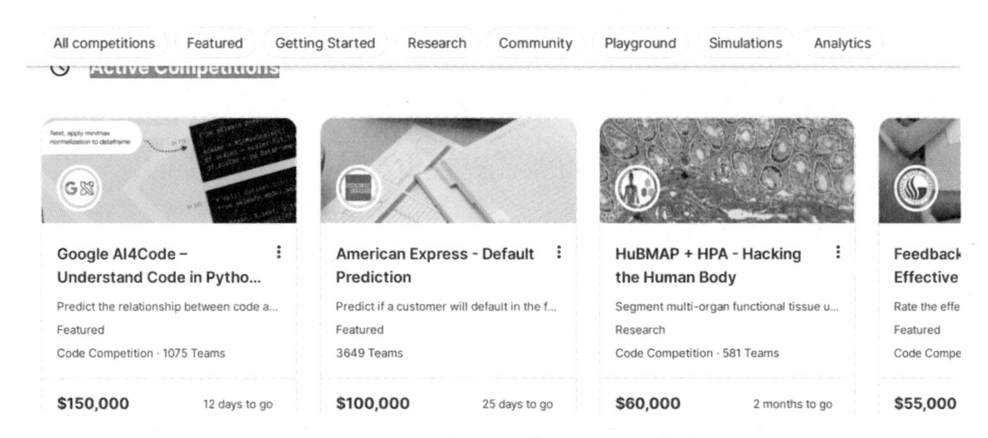

图12.2　Kaggle官网提供的公开竞赛类型

1）特色型竞赛

特色型竞赛是Kaggle最有特色的竞赛项，网上公开题目、需求、测试数据、奖金额度，要求参赛者下载数据，自行编程解决问题，代码编写完成即可以在网上提交，参与网上解决问题答案排名，排名最优者的获奖，所提交代码很可能被赞助商直接应用到商业实践中。

2）入门型竞赛

为初次接触Kaggle新手提供“试水”的竞赛题：如预测杂货店销售趋势、用生成的对抗网络绘制自己的美术作品、手写数字识别、沉船事故幸存估计、脸部识别、Julia语言入门等。由于竞赛内容带有服务新手、指导新手学习的设计意图，不提供奖品或积分。

3）研究型竞赛

主要竞赛内容为机器学习等前沿性或公益性的题目，题目内容比特色型竞赛更具实验性，竞赛奖励可能是奖金或会议邀请或发表论文形式的奖励。

4）社区性竞赛

社区团队预测性竞赛。

5）游乐型竞赛

这类竞赛设计目的是进一步提升参赛者的“兴趣”，难度比入门型竞赛有所提高，所提供的机器学习竞赛内容相对简单。这个类的题目以有趣为主，参赛者参与热度很高。

6）仿真型竞赛

通过机器学习，强化学习环境，进行数据仿真研究竞赛。

7）分析型竞赛

主要利用大数据进行专题分析竞赛。

12.4.2 竞赛过程介绍

Kaggle 竞赛前，参赛者需要了解竞赛机制，掌握竞赛过程要求。

1. 竞赛机制

在比赛结束之前，参赛者每天最多可以提交 5 次测试集的预测结果。每一次提交结果都会获得最新的临时排名成绩，直至比赛结束获得最终排名。在比赛过程中，Kaggle 将参赛者每次提交的结果取出 25%~33%，并依照准确率进行临时排名。在比赛结束时，参赛者可以指定几个已经提交的结果，Kaggle 从中去除之前用于临时排名的部分，综合剩余数据的准确率得到最终排名。

2. 竞赛过程要求

参赛者进入 Kaggle 界面后，可以选择一类竞赛，然后在对应的竞赛模块里，选择需要参赛的题目。不同的竞赛题目会有不同的参赛规则，参

赛者第一时间应该准确掌握参赛题目的规则,可以在题目上方点击“Rules”,了解每个规则要求，如参赛者必须事先在该平台在线注册个人真实信息，并用唯一的一个账户参与比赛。

在了解参赛题目的要求、比赛规则、参赛时间要求，下载参赛数据后，就可以编写算法代码了，完成代码后，就可以进行数据测试，然后按照格式要求提交测试结果文件（一天最多提交5次），最后根据比赛排名，获得相应奖励。

附录 A
编程环境安装

Anaconda 支持 Linux、Windows、Mac OS X 下的安装与使用。Anaconda 安装工具包含 1500 多个 Python / R 数据科学包，其大小超过了 600 MB；若读者计算机环境或网络速度有限，可以选择缩小包 Miniconda 安装。

1. 下载 Anaconda 安装包

Anaconda 官网下地址为 https://anaconda.en.softonic.com/，用浏览器打开，其下载界面如图 A.1 所示。为了学习方便，这里选择 Windows 环境下安装，点击“Download for Windows”按钮，在跳出来的两个界面依次点击“Download for Windows”按钮，进入图 A.2 下载路径设置界面，选择合适下载路径，点击“下载”按钮，正式进入下载状态，等待 10 多分钟即可完成下载。

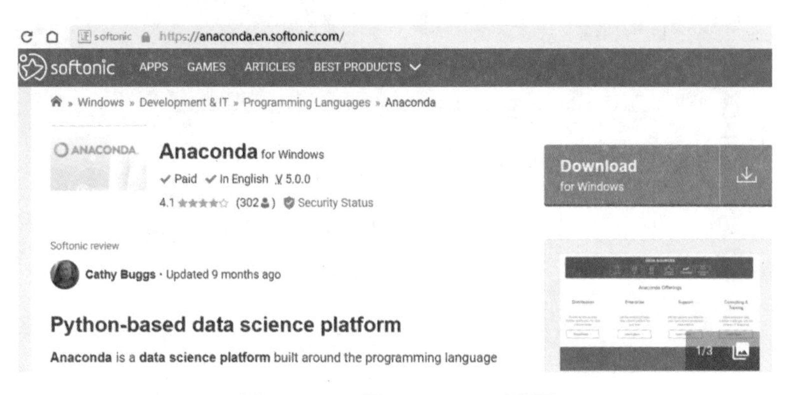

图A.1　下载Anaconda界面

图A.2　下载路径设置界面

若觉得下载过程太慢，可以进入本书 QQ 群，从群文件夹里下载。

2．Anaconda 安装

在下载路径里找到 Anaconda3-2021.11-Windows-x86_64.exe 文件，用鼠标双击开始安装，显示如图 A.3（a）所示启动界面，在其上点击“Next”按钮，进入图 A.3（b）所示的界面，点击“I Agee”按钮，进入图 A.3（c）所示界面，点击“Next”按钮，进入图 A.3（d）所示界面，选择安装路径（注意，尽量不要安装在 C 盘），点击“Next”按钮，进入图 A.3（e）所示界面，务必选择第一个复选框（Add Anacond3 to…），点击“Install”按钮，进入图 A.3（f）所示界面，安装完成后，点击“Next”按钮，进入图 A.3（g）所示界面，点击“Next”按钮，进入图 A.3（h）所示界面，点“Finish”按钮，完成 Anaconda 的安装。

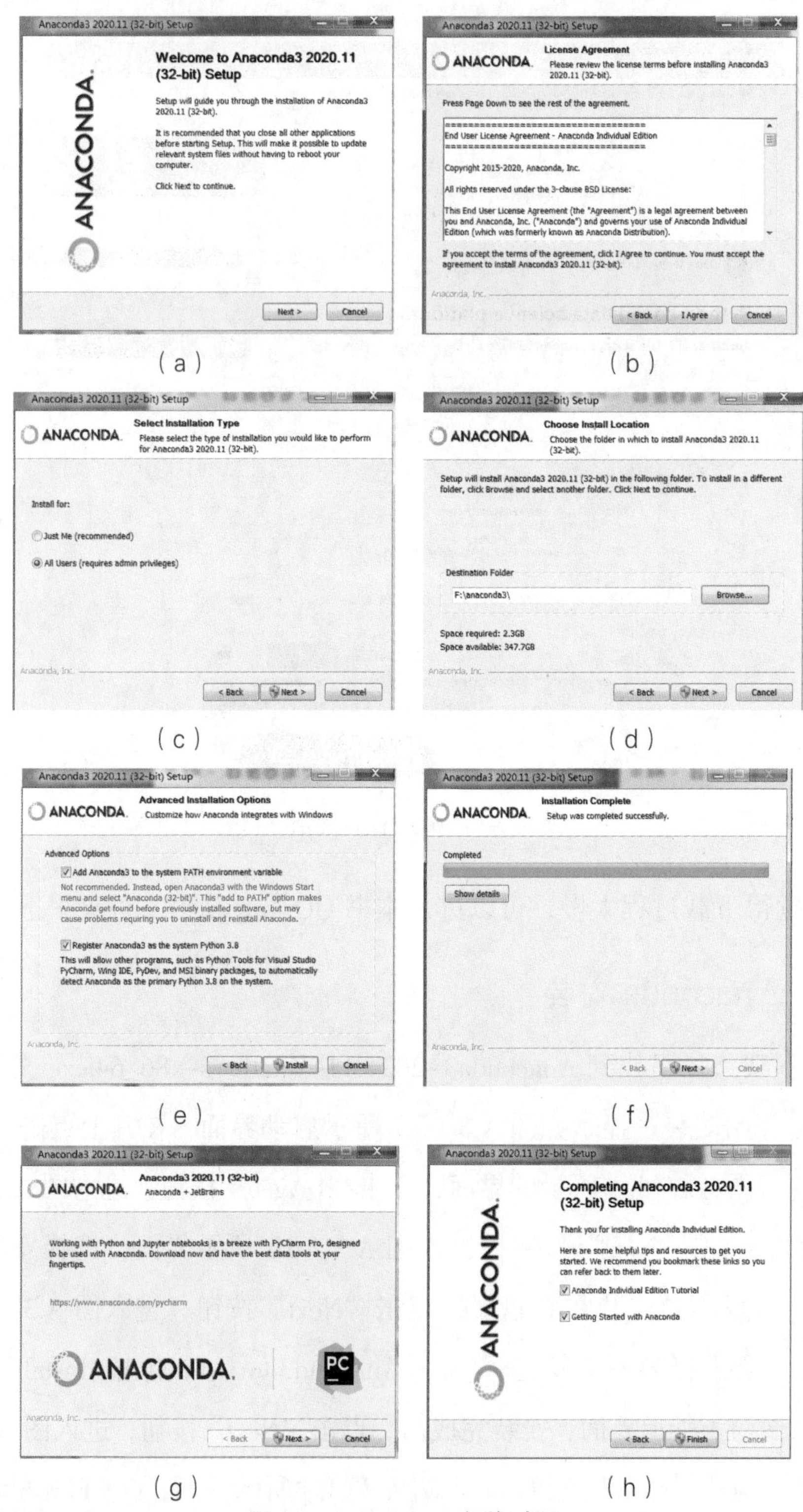

图A.3　Anaconda安装过程

附录B

Spyder 基本使用技巧

在 Windows 左下角点击“开始” -> “所有程序” -> “Anacond3” 菜单项，选择“Spyder”，其启动界面如图 B.1 所示。

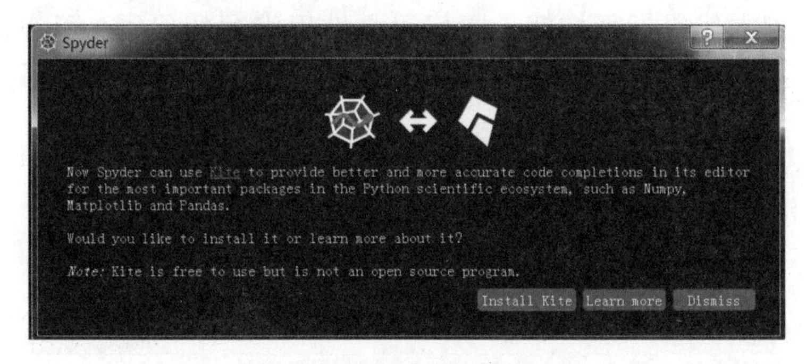

图B.1　第一启动选择界面

默认情况下界面背景颜色为黑色，字体颜色为彩色，可以通过选择菜单项“Toos” -> “Preferences” -> “Appearance”，然后选择“Interface theme”下拉框值为“Light”；接着点击“Edit selected scheme”按钮，进入子窗体，在“Background”下面选择白色，点击“OK”按钮，退出子窗体后，点击“OK”按钮，设置背景颜色为白色。

图 B.2 中的①为脚本代码编辑区，可以在其上连续输入多行代码，保存为指定名称的代码文件，然后点击上面工具栏里的绿色“三角形”按钮。

图 B.2 中的②为交互式代码执行区，输入一行代码，回车后执行一行代码；无论是交互式代码还是脚本代码，都在该区域显示执行结果。

图 B.2 中的③工具栏里常用的快捷按钮如下。

为新建代码文件按钮，一般在新编写代码功能时选择，生成脚本代码文件，然后在其中编写代码，默认文件名为 untitled0.py、untitled1.py.untitled2.py……

为打开代码文件按钮，对于已经保存到指定路径下的代码文件，可以通过点击该按钮，选择并打开指定路径下的代码文件，就可以继续编写代码。

为保存代码按钮，对于已经编写的代码文件，可以点击该按钮，保存代码到代码文件里（存储到硬盘上）；若采用的是默认文件名，则会跳出文件名修改界面，输入指定文件名后，点击“保存”按钮，保存代码到磁盘文件上。

为脚本代码运行按钮，在代码文件里编写的代码，可以通过点击该按钮，进行持续运行。

为代码强制终止运行按钮，在代码文件里的代码执行过程中，若发生死循环等问题，可以点击该按钮，强制代码终止运行。

④为运行变量过程信息、Spyder 使用帮助信息等。

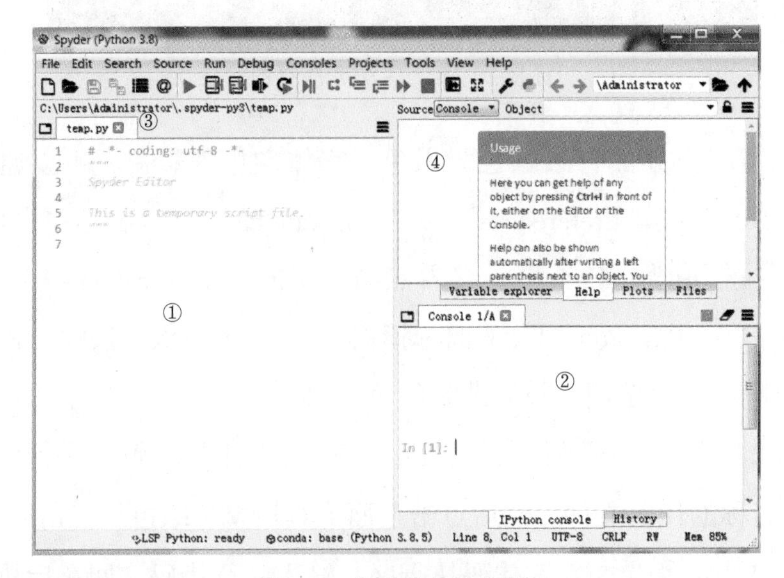

图B.2　代码编辑主界面

附录 C

赠送资料

每章案例、示例代码如表 C.1 所示，实验题代码如表 C.2 所示。

表 C.1　每章案例、示例代码列表

章名称	案例示例名称	代码文件
第二章	不同变量的代码编写	2_1_Variable.py
	三酷猫卖水果	2_6_SaleFruits.py
第三章	三酷猫水果产地统计	3 _5_FruitSource.py
第四章	三酷猫查看车厘子	4_1_CheckFruits.py
	用 while 语句求 1 到 10 的累加	4_2_while.py
	三酷猫打印九九乘法表	4_2_99multi.py
	三酷猫统计水果数量	4_3_statFruits.py
	三酷猫销售额排序：冒泡排序	4_5_BubbleSort.py
第五章	自定义函数，打印水果店打烊词	5_2_1_closingTime.py
	自定义函数 1，打印水果店打烊词	5_2_1_closingTime1.py
	自定义函数 2，打印水果店打烊词	5_2_1_closingTime2.py
	三酷猫自定义求因数函数	5_2_2_factor.py
	求和自定义函数	5_2_3_sum.py
	用自定义函数求字典键对应的值的和	5_2_3_sum1.py
	验证自定义函数内外值变化	5_2_3_EditDectAndList.py
	自定义函数统一存放代码模块	selfModule.py

章名称	案例示例名称	代码文件
第五章	调用函数的主程序代码文件	5_2_4_CallModule.py
	求1到5累加和，通过递归函数来实现	5_2_6_Recursion.py
	用scikit-learn库读取鸢尾花的属性值和分类标签	5_3_4_scikit-learn.py
	用matplotlib库自带的Ellipse( )函数绘制椭圆、Circle( )函数绘制圆形	5_3_5_plot.py
	三酷猫水果店年底抽奖活动	5_5_gift.py
第六章	三酷猫照片背后的数组	6_1_5_readPhoto.py
	保存截取的图片	6_1_5_savePhoto.py
	三酷猫把彩照变成黑白照	6_2_4_grayCat.py
	把三酷猫照片旋转90°	6_3_2_T_Photo.py
	三酷猫用条形图统计水果店2022年水果销售数量	6_4_1_bar.py
	三酷猫水果店一天水果销售数量占比	6_4_2_pie.py
	用散点图统计西瓜在一天不同时段的销售情况	6_4_3_scatter.py
	三酷猫深加工照片，对像素前3个通道进行减法运算	6_5_testPhoto.py
	三酷猫深加工照片，对照片进行乘法运算	6_5_testPhoto1.py
	三酷猫深加工照片，比较设置后的照片	6_5_testPhoto2.py
第七章	绘制四条不同风格的横向直线	7_1_1_line.py
	用plot( )函数绘制一条竖向直线	7_1_1_line1.py
	绘制三条不同颜色的斜线	7_1_1_line2.py
	绘制相交线	7_1_3_cross_line.py
	绘制正弦曲线	7_2_1_sin.py
	绘制余弦曲线	7_2_2_cos.py
	绘制 $y=x^2+5x+3$ 方程的曲线	7_2_3_line2.py
	绘制一元三次曲线	7_2_4_line3.py
	绘制正态分布曲线	7_2_5_Normal.py
	绘制方波折线	7_3_1_square.py
	绘制三角线	7_3_2_Triangles.py
	用Circle( )函数绘制3个圆	7_4_1_Circle.py
	用Ellipse( )函数绘制四个叠加在一起的不同角度的椭圆	7_4_2_Ellipse.py
	用Rectangle( )函数绘制一个矩形	7_4_3_Rectangle.py
	用Polygon( )函数绘制三角形、平行四边形、梯形、六边形	7_4_4_Polygon.py
	三酷猫绘制水果店平面设计图	7_5_shopArea.py

章名称	案例示例名称	代码文件
第八章	让圆点爬山坡	8_2_Climb.py
	下彩色雨了	8_3_rain.py
	让绳子拱起来	8_4_rope.py
	跳跃的心电图	8_5_ECG.py
	波涛汹涌	8_6_wave.py
第九章	绘制糖葫芦串	9_1_3_fillColor.py
	绘制画布的四个坐标区域，往画笔指定坐标写文字	9_1_4_writeTxt.py
	绘制喇叭花	9_1_5_flower.py
	数字华容道游戏	9_2_tiles.py
	炮弹射气球	9_3_Cannon.py
	旋转的飞镖	9_4_fly.py
第十章	先进先出队列算法	10_1_1_FIFO.py
	后进先出栈算法	10_1_2_LIFO.py
	线性查找算法	10_2_1_LineFind.py
	折半查找算法	10_2_2_BinarySearch.py
	哈希查找算法	10_2_3_HashRearch.py
	用穷举法求百鸡百钱问题	10_2_4_100chicken.py
	选择排序算法	10_3_1_SelectSort.py
	插入排序算法	10_3_2_InsertionSort.py
	希尔排序算法	10_3_3_ShellSort.py
	快速排序算法	10_3_4_QuickSort.py
	分数背包装包算法	10_4_1_FKnapsack.py
	贪心算法求货币选择问题	10_4_2_SelectMoney.py
	斐波那契数列算法	10_5_1_Fibonacci.py
	0-1 背包用动态规划求解	10_5_2_01napsack.py
	买卖股票问题（一买一卖情况下动态规划算法）	10_5_3_stock.py
	求最短路径，动态规划	10_5_4_MinPath.py

章名称	案例示例名称	代码文件
第十一章	用欧氏距离公式求空间距离	11_1_1_Distance.py
	用海伦公式求A、B、C三点围成的三角形面积	11_1_2_Area.py
	最大最小归一化	11_2_1_MaxMin.py
	Z-Score归一化处理颜色值	11_2_2_Z-Score.py
	Sigmoid函数归一化处理颜色值	11_2_3_Sigmoid.py
	对原始图片进行最大最小归一化、Z-Score归一化	11_2_4_NormPicture.py
	调整图片的亮度	11_3_brightness.py
	为照片随机打马赛克	11_4_Mosaic.py
	图像的三种灰度处理方法	11_5_gray.py

表C.2　实验题代码

章名称	实验题	代码文件
第一章	编写第一个程序	MyFirstCode.py
	打印输出三角形旗帜	flag.py①
第二章	随机派特工做前线敌情侦察	RandomGameCode.py
	无人机用卫星定位和激光测距离	DistanceCode.py
第三章	三酷猫考试成绩	SaveGradeCode.py
	三酷猫的简历	resume.py②
第四章	求两个正整数的最大公约数、最小公倍数	OddEvenCode.py
	继续改进4.5节的冒泡排序方法	BubbleSort_add.py
第五章	绘图区域绘制四个图形	Four_Area.py
	递归函数改进	Recursion_add.py③
第六章	自定义函数求二维数组的均值、方差、标准差	ArrayCode1.py
	对三酷猫照片，采用乘法、取余、求幂方式进行处理	ArrayCode2.py
第七章	用plot( )函数绘制一个圆	Lib_7_circle.py
	用Matplotlib绘制一朵小红花	Lib_7_flower.py
第八章	让爬的山更加崎岖些	MyHillCode.py
第九章	完善数字华容道游戏	victory_way_Code.py
第十章	击鼓传花	Click_Game.py
第十一章	对人脸打上指定大小的马赛克	Mosaic.py

①、②、③在实验代码压缩包中。

后记

几十年前，伟人邓小平以战略的眼光意识到新一代信息化革命即将到来，明确指出“学计算机要从娃娃抓起”。如今信息化已经渗透到各行各业，如电力、通信、建筑、航空航天、生物、教育、政府、制造业、农业、商业、考古等。可以说，现在的行业如果不跟信息化结合，则这个行业是落后的。由此，青少年朋友们提早了解智能编程，对自己的未来，多了一份思考，多了一种选择，有益于思维的拓展和兴趣的培养。

20 世纪 90 年代初，作者在初一时翻到了邻居一位老大学生的计算机教材，上面介绍的大型机及“0”“1”二进制打卡式编程，给作者非常深刻的印象，促使作者喜欢上了计算机编程。从中学到大学，一路学来，不曾中断，提升编程技巧和能力。同时有了为青少年朋友们编写针对性很强的、有趣的智能编程一书的动力。

阅读了这本书的朋友们，若能使自己对智能编程感兴趣，则写这本书的目的就已经达到。

对于后续更进一步的智能编程的学习，除了少部分参加各种竞赛的读者，需要进一步进行针对性训练外；对大多数读者来说，建议在大学里进行更加深入的学习，以便进一步发挥智能编程的作用。当然，刘瑜

老师也会继续深入研究后续相关教材，以尝试解决那些学有余力的中学生能够更好地在智能编程方向上发展。

作者：刘瑜

2022 年冬，于天津